大国工程

小细节里的中国创新密码

史军 / 主编

姚永嘉　孙诗易　平衡木　王雯 / 著

广西师范大学出版社

· 桂林 ·

图书在版编目(CIP)数据

大国工程：小细节里的中国创新密码 / 史军主编；姚永嘉等著. -- 桂林：广西师范大学出版社，2025. 6. --（少年轻科普）. -- ISBN 978-7-5598-8237-0

Ⅰ. N12-49

中国国家版本馆 CIP 数据核字第 20251JJ520 号

大国工程：小细节里的中国创新密码
DAGUO GONGCHENG：XIAO XIJIE LI DE ZHONGGUO CHUANGXIN MIMA

出 品 人：刘广汉
特约策划：苏　震　杨　婴　姚永嘉　玉米实验室
策划编辑：杨仪宁
责任编辑：杨仪宁　郝梓涵
助理编辑：李沚蒨
封面设计：DarkSlayer
内文设计：钟　颖
插　　画：张　芸

广西师范大学出版社出版发行
（广西桂林市五里店路 9 号　　邮政编码：541004
网址：http://www.bbtpress.com）
出版人：黄轩庄
全国新华书店经销
销售热线：021-65200318　021-31260822-898
合肥华星印务有限责任公司印刷
（安徽省合肥市长丰县双凤经济开发区凤麟路 20-1 号　邮政编码：231131）
开本：720 mm × 1 000 mm　1/16
印张：10　　字数：78 千
2025 年 6 月第 1 版　　2025 年 6 月第 1 次印刷
定价：43.00 元

PREFACE

每个孩子都应该有一粒种子

在这个世界上，有很多看似很简单，却很难回答的问题，比如说，什么是科学？

什么是科学？在我还是一个小学生的时候，科学就是科学家。

那个时候，“长大要成为科学家”是让我自豪和骄傲的理想。每当说出这个理想的时候，大人的赞赏言语和小伙伴的崇拜目光就会一股脑地冲过来，这种感觉，让人心里有小小的得意。

那个时候，有一部科幻影片叫《时间隧道》。在影片中，科学家可以把人送到很古老很古老的过去，穿越人类文明的长河，甚至回到恐龙时代。懵懂之中，我只知道那些不修边幅、蓬头散发、穿着白大褂的科学家的脑子里装满了智慧和疯狂的想法，它们可以改变世界，可以创造未来。

在懵懂学童的脑海中，科学家就代表了科学。

什么是科学？在我还是一个中学生的时候，科学就是动手实验。

那个时候，我读到了一本叫《神秘岛》的书。书中的工程师似乎有着无限的智慧，他们凭借自己的科学知识，不仅种出了粮食，织出了衣服，造出了炸药，开凿了运河，甚至还建成了电报通信系统。凭借科学知识，他们把自己的命运牢牢地掌握在手中。

于是，我家里的灯泡变成了烧杯，老陈醋和碱面在里面愉快地冒着泡；拆开的石英表永久性变成了线圈和零件，只是拿到的那两片手表玻璃，终究没有变成能点燃火焰的透镜。但我知道科学是有力量的。拥有科学知识的力量成为我向往的目标。

在朝气蓬勃的少年心目中，科学就是改变世界的实验。

什么是科学？在我是一个研究生的时候，科学就是炫酷的观点和理论。

那时的我，上过云贵高原，下过广西天坑，追寻骗子兰花的足迹，探索花朵上诱骗昆虫的精妙机关。那时的我，沉浸在达尔文、孟德尔、摩尔根留下的遗传和演化理论当中，惊叹于那些天才想法对人类认知产生的巨大影响，连吃饭的时候都在和同学讨论生物演化理论，总是憧憬着有一天能在《自然》和《科学》杂志上发表自己的科学观点。

在激情青年的视野中，科学就是推动世界变革的观点和理论。

直到有一天，我离开了实验室，真正开始了自己的科普之旅，我才发现科学不仅仅是科学家才能做的事情。科学不仅仅是实验，验证重力规则的时候，伽利略并没有真的站在比萨斜塔上面扔铁球和木球；科学也不仅仅是观点和理论，如果它们仅仅是沉睡在书本上的知识条目，对世界就毫无价值。

科学就在我们身边——从厨房到果园，从煮粥洗菜到刷牙洗脸，从眼前的花草树木到天上的日月星辰，从随处可见的蚂蚁蜜蜂到博物馆里的恐龙化石……

处处少不了它。

其实，科学就是我们认识世界的方法，科学就是我们打量宇宙的眼睛，科学就是我们测量幸福的尺子。

什么是科学？在这套“少年轻科普”丛书里，每一位小朋友和大朋友都会找到属于自己的答案——长着羽毛的恐龙、叶子呈现宝石般蓝色的特别植物、僵尸星星和流浪星星、能从空气中凝聚水的沙漠甲虫、爱吃妈妈便便的小黄金鼠……都是科学表演的主角。“少年轻科普”丛书就像一袋神奇的怪味豆，只要细细品味，你就能品咂出属于自己的味道。

在今天的我看来，科学其实是一粒种子。

它一直都在我们的心里，需要用好奇心和思考的雨露将它滋养，才能生根发芽。有一天，你会突然发现，它已经长大，成了可以依托的参天大树。树上绽放的理性之花和结出的智慧果实，就是科学给我们最大的褒奖。

编写这套丛书时，我和这套书的每一位作者，都仿佛沿着时间线回溯，看到了年少时好奇的自己，看到了早早播种在我们心里的那一粒科学的小种子。我想通过“少年轻科普”丛书告诉孩子们——科学究竟是什么，科学家究竟在做什么。当然，更希望能在你们心中，也埋下一粒科学的小种子。

“少年轻科普”丛书主编 史军

目录
CONTENTS

星辰大海

美好生活

-勇于探索-

揭秘中国天眼：探索宇宙的超级射电望远镜

贵州省黔南地区的群山之间，有一只巨大的“地球之眼”，全天候凝视着浩瀚的星空，不放过任何一个来自宇宙深处的神秘信号。这就是被誉为“中国天眼”的 FAST，全球最大单口径射电望远镜。

FAST，快！

FAST 是 Five-hundred-meter Aperture Spherical radio Telescope 的缩写，中文全名“500 米口径球面射电望远镜”。FAST 在英语中有“快”的意思，不知道是不是巧合，反正中国天眼确实体现了全方位的快。它于 2016 年 9 月 25 日落成启用，只经过三年半的调试，2020 年 1 月 11 日就正式进入运行阶段。又经过约三年半的时间，中国天眼就发现了 800 余颗新脉冲星，是国际上所有其他望远镜同一时期内发现脉冲星总数的 3 倍以上。

发现脉冲星是中国天眼最擅长的技能之一，自其运行以来，它就是世界上发现脉冲星效率最高的设备。FAST 还是目前世界上灵敏度最高的射电天文望远镜，可以探测到距离地球极远的脉冲星。脉冲星是高密度的中子星，它们是恒星演化最终阶段的形态之一，可以作为探测引力波的“宇宙灯塔”。

小贴士

射电波

射电波是电磁波谱中波长较长的一部分，一般大于 1 毫米，大于可见光波长，肉眼无法察觉，但对天文学研究极为重要。它们能穿透宇宙中的尘埃和气体，让我们“看见”光学望远镜观测不到的天体现象。许多天体如脉冲星、黑洞和遥远星系都会发射射电波，这些信号携带着宇宙演化和天体物理过程的关键信息，是我们了解宇宙奥秘的重要窗口。

FAST 能揭开什么宇宙奥秘

2023 年 6 月，中国天眼探测到了纳赫兹引力波的存在。这么个世界级的发现，中国科学家仅用了不到三年半的时间，起跑即冲刺，赶在国外努力了二十年的同行前面发表了研究成果。

一百多年前，爱因斯坦提出了广义相对论，预言了引力波的存在。但是他自己都不太相信人类能探测到引力波，它的迹象实在是太弱了。然而这并没有浇灭科学家追逐引力波的热情，毕竟它对于物理学和探寻宇宙奥秘来说太重要了。诺贝尔物理学奖分别在 1993 年和 2017 年颁给了不同的引力波探测研究。这次 FAST 发现了纳赫兹频率上的引力波，本身就是天体物理学中的重大突破之一。这些波能让我们深入了解黑洞合并等宏观宇宙事件，对理解引力的基本性质至关重要。检测和研究这些波可能会引领物理学上的突破性发现。

快速射电暴的搜寻，是近些年天文学的

热点领域，也是 FAST 的工作内容之一。快速射电暴的起源至今仍是一个谜，在这个现象发生时，可以在一毫秒内爆发出太阳一年释放的能量，比人类一万亿年的总用电量还多。2019 年，还在调试阶段的 FAST，仅用一个半月就探测到 1 652 次爆发，这一数量超过了快速射电暴领域历史记录的总和。2022 年，FAST 又公布了第一个持续活跃的重复快速射电暴。

可以预见到，激动人心的宇宙发现会越来越多，可真正让 FAST 快起来的，是它的大与传奇般的设计。

“眼珠”会动的中国天眼

射电望远镜通过接收天体发出的射电波来进行观察。所有的天体，例如恒星、星系、脉冲星等，都会以电磁波的形式发射出能量，其中包括射电波。中国天眼就是一座射电望远镜，最引人注目的是它的 500 米口径圆形反射面，由 4 450 块三角形的铝面板组成，远远望去就像一口“大锅”，而且是 30 个足球场那么大的大锅，负责收集遥远天体发射过来的射电信号。

作为一个有 1 300 吨重的庞然大物，天眼并不只是直勾勾地望着天，它真正做到了“眼珠会动”。来自遥远星系的信号已经在宇宙空间里跑了很远，而且又是不经意之间来到地球，信号们已经很“虚弱”了。这时候，FAST 最令人不可思议的设计要发挥作用了——它会变形。它的 6 670 根主索、2 225 个装有促动器的节点及下拉索，就像肌肉和关节那样互相配合拉动反射面，根据观测目标的位置，把自己本来的球面，临时变形成为一个瞬时 300 米口径的抛物面。地球在自转，但“眼珠”可以通过变形一直盯着信号过来的方向，实现对信号的跟踪观测。

另一方面，变形可以对微弱信号进行反射之后再聚拢。信号们一头扎进“锅”里之后，就会被反射到半空中的一个位置集合起来，等待在那里的是借着 6 根钢索一直悬在半空中的馈源舱，它会不断地运动来调整位置，将信号们一把全抓住。经过放大和处理后，收集到的信号就被送进科学家的计算机中进行分析研究。

这个如此科幻，又让全世界都羡慕的大装置，从构想到落成的过程并非一帆风顺，其中充满了我们难以想象的困难。

大窝凼，中国天眼完美的家

我们最熟悉的天文望远镜常常是光学望远镜，可以用来观察天体发出的可见光。射电望远镜也是天文望远镜的一种，虽然名字里带“射电”二字，但它并不会把电波发射出去，而是作为接收装置静静等信号上门。

这就让天眼很“社恐”，一旦附近有人使用手机或者路过的飞机发射信号，对于天眼来说无异于一次信号“轰炸”。天眼需要一个四面环山、远离密集人口、不会有飞行器经过的地方，以躲避人类的干扰。最重要的是，一定要找到天然的大洼地：像 FAST 圆形反射面这么大的球壳里如果盛满水，再灌入矿泉水瓶中，可以给全世界的人每人分 4 瓶。要从平地挖出这么大个坑来，可能比望远镜本身还贵。另一方面，优良的地质条件和不易积水的地貌条件也必不可少。科学家团队花了十二年，带着 300 多幅卫星遥感图，在中国西南部的大山里一一探访，最终来到这个天然的大洼地——贵州省黔南布依族苗族自治州平塘县克度镇大窝凼（dàng），它提供了一个几乎完美的圆形盆地，似乎就是为了等待天眼的到来。

凼的意思是水坑，但不用担心真的会有积水。虽然这里雨水很多，但喀斯特地貌是以石灰岩、白云岩等可溶性岩石为基础形成的，其特征是地表多孔隙和裂隙，岩石被雨水中的碳酸侵蚀形成溶洞、暗河和地下管道系统。这种多孔的结构使雨水能迅速渗入地下，而不在地表形成积水，为 FAST 提供了理想的干燥环境，保护精密设备免受水患影响。另外，FAST 反射面里其实根本盛不了水，它那总面积 25 万平方米的反射面上，布满了小孔，这不但减轻了重量，还可以在雨天使雨水顺利渗漏下去，并在晴天让阳光透过，不影响地面植被的正常生长。

从外国同行的冷水，到独立设计建造

1993 年，在日本京都召开的国际无线电科学联合会大会期间，多个国家的天文学家商讨合作建造大型射电望远镜。中国的天文学家积极参与，希望这个国际合作落地中国，这将极大地推动中国天文学乃至相关科学技术领域的发展，能培养一批顶尖的科研人才，缩小与国际先进水平的差距。然而，当时中国最大的射电望远镜口径仅为 25 米，要参与建造规模宏大的新型大型射电望远镜，对材料、建造工艺等都是前所未有的考验。部分国外同行基于当时中国的科技水平、经济实力以及相关建设经验等情况，并不看好中国能够承担起这一项目。

冷水浇不灭心中的热情，经过慎重研究，中国的天文学家们做了一个重要的决定：既然外国人觉得我们不行，那就由我们中国自行建造世界最大的射电望远镜。当时世界上最大的单口径射电望远镜是美国的“阿雷西博”，口径大约 305 米，那我们的天眼就要有 500 米口径。

后来的事情大家都知道了，我们不光建成了，而且它比阿雷西博射电望远镜灵敏度高三倍左右，这也是中国建造的设备第一次在灵敏度参数上达到了世界之最。随着阿雷西博在 2020 年 12 月 1 日坍塌，中国天眼成了世界唯一的 300 米级别以上单口径射电望远镜，在地球上独一无二，甚至有可能是大口径射电望远镜的“绝唱”。

20 世纪 90 年代，中国最大的射电望远镜只有 25 米口径，构想中的 FAST 几乎是一个不可能实现的任务。但是中国科学家硬是在没有任何经验的情况下，乘着不断攀升的中国基建能力，把天眼造了出来。它的出现让中国的天文学研究能力从落后于全世界，变成一口气领先全世界二十年，成为中国在全球科技竞赛中跨越式发展的象征。

中国天眼是一个名副其实的大国重器，无论是放在大科学装置中，还是放在建筑物里，都是一个堪称世界奇迹的独特存在。但咱也没打算守着这口“锅”自己玩，2021 年 4 月 1 日，FAST 正式宣布向国际科学界开放，给国外同行看看，啥叫大国风范。

中国天眼已进入成果爆发期，目前的所有发现都还只是开始。FAST 现在的观测任务已经非常繁重了，但我最期待的观测项目还是它的初心之一——寻找地外文明。期待有一天，中国天眼能第一个收到来自外星生命的“电报”。

"拉索"：立于高山之巅的求索者

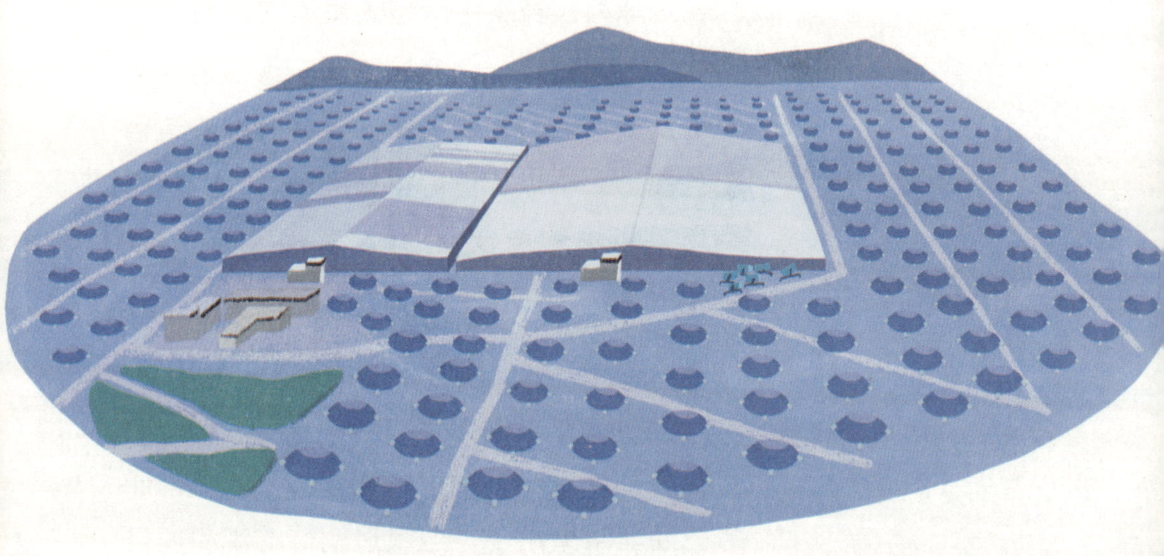

四川省稻城县海子山，一个平均海拔 4 410 米的高寒缺氧之地，一组圆形观测阵列赫然立于其上，直面天空。区域中央是醒目的白顶建筑，周围则布满一个个均匀分布的突起，这就是我国的重大科技基础设施——"拉索"（The Large High Altitude Air Shower Observatory，简称"LHAASO"）。

于世界屋脊仰望深空

“拉索”全名高海拔宇宙线观测站，是用来探索高能宇宙线起源，并研究与之相关的宇宙演化、高能天体演化及神秘暗物质的科学装置。值得一提的是，“拉索”并非集成于一体的独立装置，而是由多种探测器阵列复合而成，总共包括水切伦科夫探测器、电磁粒子探测器、缪子探测器和广角切伦科夫望远镜四类，占地约 1.36 平方千米。2021 年 7 月，历经约六年的工程研制，万众瞩目的“拉索”全面建成并正式投入使用。

飞速进入状态的它很快就给全人类带来不少发现，其中，最惹人注目的当属对最亮伽马射线 GRB 221009A 的万亿电子伏特伽马射线暴全过程的观测。毫不夸张地说，它一举创下三个国际首次：人类首次精确测量高能光子爆发的完整过程，国际上首次测量到高能（万亿电子伏特）光子流量的快速增强过程，率先发现该伽马射线暴历史最亮的秘密。以上种种叫人眼花缭乱，而能量强度这么高的观测机会又千载难逢，因而“拉索”此次发现的重要意义不言而喻。

小贴士

宇宙线（cosmic ray）

1912年，奥地利物理学家维克托·赫斯乘热气球飞到5 300多米的高空，发现那里的空气电离速率比海平面处高得多，天外似乎有种具有高穿透力的射线在推动这一切。赫斯带着验电器先后进行了10次飞行验证，美国物理学家密立根也闻声而来，开展水下电离速率测量实验，最终确证宇宙线的存在。至此，人类再未停下对宇宙线的探索，直至110多年后的今天，“拉索”接棒，以人类研究宇宙线规模最大实验装置的身份接续发力。

伽马射线暴——易冷的宇宙烟花

伽马射线暴，又称伽马暴，说的是天空中某一方向的伽马射线在短时间内突然增强，又迅速减弱的过程，是宇宙中最剧烈的一种天体爆发现象。来也匆匆、去也匆匆的它像烟花一样转瞬即逝，却在绽开之时足够绚烂夺目。当然，伽马射线我们用肉眼并不可见，所以这里的“亮”形容的是它的能量非常高，一旦爆发，效果直接拉满到整个宇宙为你闪烁。那么，是什么造就了如此强大的高光时刻呢？

根据以往研究来看，科学家普遍认为伽马射线暴的产生和宇宙空间中大质量恒星以及致密天体的活动紧密关联。以持续时长 2 秒为界，伽马射线暴可分为长暴和短暴两类，前者源自生命走向终章的大质量恒星，内部燃料耗尽，恒星坍缩并爆炸，释放持续上百秒甚至更长的伽马射线暴，相应的，恒星质量越大，伽马暴的持续时间也就越长；后者则发生于两个致密天体（例如黑洞或中子星）之间，二者如冰上舞者相互绕转并不断贴近，最终不可避免地碰撞爆炸，由此产生伽马射线暴。上面提到的伽马暴 GRB 221009A 的源头，正是约 24 亿光年外，一颗比太阳重 20 多倍的庞然大物。其寿终正寝之时，轰然坍缩并引发巨大爆炸，使得大量高能伽马光子呈喷流结构涌出，并最终于 2022 年 10 月撞进“拉索”的视场范围，因而被尽收眼底。此外，伽马射线暴的发生过程也可分为两个阶段：首先是主爆，即初始阶段一瞬间的巨大爆炸，表现为强烈的低能伽马射线辐射；其次是接近光速的爆炸物和周围环境气体再次碰撞而产生的后随爆炸，也可被叫作余辉。“拉索”探测到的光子正来自后一阶段。

天时地利人和，成就经典一刻

这次观测能取得这么好的成果，离不开“拉索”的好运气，天时地利均已占尽。

作为地面观测站，它没法动来动去，只能被动等待伽马暴“阵雨”洒下，尤其是切连科夫望远镜，一般需要一定时间转到伽马暴发生的方向，所以往往还没等它转过来，余辉就已经悄然下降，更别提围观完整的变化过程了。然而，这回“拉索”恰好占据着最佳观测位置，碰巧正对喷流最明亮的核心，大量光子直冲怀中，所以不仅收获了罕见的史上最亮的伽马射线暴，还把变化过程完整地记录了下来。

除了天时地利，也离不开四类探测装置的优秀性能及相互配合。其中，白顶建筑为水切伦科夫探测器阵列，由 3 个装有纯净水的相邻大型水池构成，总面积约 78 000 平方米，水池底部安装有光电倍增管，可通过测量进入大气的宇宙射线穿过水时产生的切伦科夫光，重建宇宙线到达的方向、能量等，进而追根溯源，它不会放过眼前出现的任何一个光子，主要用于测量能量较低的宇宙线；布局于地面的间距 15 米的 5 216 个电磁粒子探测器，以及间距 30 米的 1 188 个缪子探测器，则共同组成地面簇射粒子探测器阵列，分别测量次级电磁粒子和缪子的含量，主要用于探测能量稍高的宇宙线；此外，场地上还立

有 18 台广角切伦科夫望远镜，每台由 5 平方米的球面反射镜和具有 1 024 个像素的硅光电管相机组成，可以观测宇宙线和伽马射线在大气中产生的光，通过精确测量这些光，科学家们可以研究高能宇宙线的能量分布。先进探测器各司其职，宽广的场地也赋予“拉索”施展拳脚的空间，从而全天候、全方位、高灵敏、多变量地监测多达 2/3 的天区范围，接收来自高能天体的伽马射线和宇宙线。

我们为什么需要“拉索”

我们从何而来？这一问题长久萦绕于人类心头，宇宙线恰恰暗含宇宙起源等天文事件的重要信息。故此，面对这门年轻的学科，“拉索”挑起重担，接下了破解宇宙线起源之谜的主线任务。与此同时，它也探究诸如高能辐射、天体演化以及暗物质分布等支线任务，持续积累第一手数据，在揭开宇宙极端物理现象成因、挑战现有模型、开创超高能伽马天文学研究新纪元的道路上越走越远。

作为这一大科学装置的研发国，我国可以自如地使用上述数据成果，抑或共享给其他合作国家。如此一来，一方面，我国在宇宙线研究领域的国际地位和话语权得到极大提升；另一方面，“拉索”的观测数据将集合全人类协同破解宇宙线的最终奥秘，往后，高质量数据集、高水平科研论文和学术报告中都有可能出现“拉索”的影子，留下中国的点滴贡献。

可以说，“拉索”除了技术实力过硬，还是国际宇宙线研究领域吉祥物般的存在。

EAST 东方超环：探求未来理想的清洁能源

在合肥西郊的科学岛上，有一颗璀璨的“星星”正在闪耀，那是我们的“人造太阳”——东方超环。在这里，科研人员正在用他们的智慧与汗水，探索着人类能源的未来可能。

别以为这颗“人造太阳”只是一种比喻。其实，东方超环的工作原理，就是模仿太阳内部的核聚变过程，像太阳一样产生能量。这种能量无污染、可再生，如果能被我们掌握，那将为人类的未来带来无限可能。

核聚变与核裂变：两种截然不同的能源释放方式

比起核聚变，我们更熟悉核能的另一种能量释放方式——核裂变。核裂变是指重原子核被中子击中后分裂为两个或几个较小的原子核，在损失质量的同时释放出大量的能量。我们现有的大部分核电站，就是利用核裂变的原理来产生能量。核裂变的优点是技术相对成熟，但缺点是会产生大量放射性废料，对环境有一定的影响。

相比之下，核聚变则是两个轻原子核结合成一个更重的原子核，同时释放出大量能量，太阳和其他恒星就是通过核聚变的方式来释放能量的。

核聚变反应产生的大部分能量，都以高能中子这种高速粒子形式存在。中子不带电荷，可以穿过聚变反应装置。装置外部会覆盖一层厚厚的铅或钢制的“毯子”，来吸收中子并将它们的能量转化为热量。这些热量可以用来烧水产生蒸汽，推动与传统发电厂

小贴士

铁元素在核反应中占据着特殊地位！铁有几乎最高的比结合能（仅次于镍-62），这意味着它是所有原子核中最稳定的之一。在元素周期表中，比铁轻的元素（如氢、氦等）通过核聚变反应可以释放能量，因为形成更重的原子核会增加结合能；而比铁重的元素（如铀、钚等）则通过核裂变反应释放能量，因为分裂成较轻的原子核会增加整体结合能。这就是为什么质量不够大的恒星的聚变过程往往止步于铁元素出现，而更重的元素的合成则需要额外的能量输入，通常发生在超新星爆发等剧烈天体事件中。

相似的蒸汽涡轮发电机，最终将产生的电输向电网。

与核裂变相比，核聚变有许多优势。核聚变的原料在自然界中非常丰富，比如海水中就含有大量的氘，足以供应人类几十亿年的能源需求。核聚变的生成物主要是氦气，对环境几乎没有影响。核聚变的能量密度极高，理论上，1 升海水中的氘通过核聚变可以产生的能量，相当于 300 升汽油燃烧所释放的能量。核聚变的安全性也更高，一旦反应失控，高温的聚变燃料会立即冷却，聚变反应自然停止。

核聚变技术的挑战与中国的创新之路

尽管核聚变技术具有巨大的潜力，但要实现可控核聚变，我们需要解决很多技术挑战。太阳用极高的温度和压力维持着核聚变反应的发生，目前人类技术无法创造出太阳那么高的压力，就必须创造出比太阳核心还要热的环境来弥补。

面对挑战，中国科学家们自主设计和建造了东方超环，英文缩写是“EAST”，由实验（Experimental）、先进（Advanced）、超导（Superconducting）、托

核聚变示意图

核裂变示意图

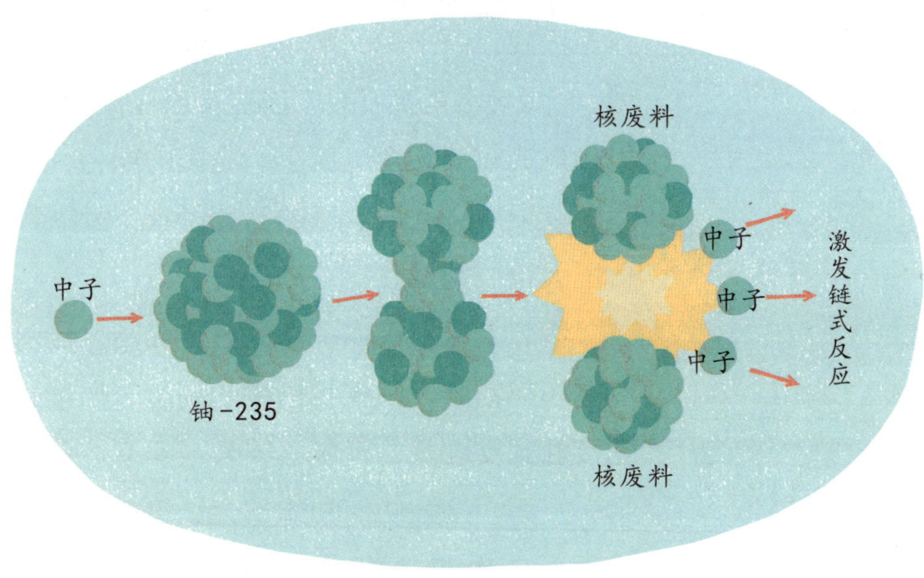

小贴士

托卡马克

"Tokamak"（托卡马克）是环形（Toroidal）、真空室（Kamera）、磁（Magnit）、线圈（Kotushka）的字母缩写组合，这种设备由苏联科学家发明，其名称来源于俄语缩写TOKAMAK，直译为"环形真空磁笼"，是一种利用磁约束来实现可控核聚变的环形容器。

卡马克（Tokamak）四个单词的字母缩写拼合而成，它的中文意思是"先进实验超导托卡马克"，同时具有"东方"的含义。

EAST 于 2006 年建成，是世界上第一个采用全超导磁铁的聚变装置。高 11 米，直径 8 米，重约 400 吨，主要组成部分是一个"甜甜圈"形的真空室。

实验开始时，科研人员会向真空室内注入少量氢的同位素氘或氚，并加热到几千万甚至上亿摄氏度。物质的温度如果高于 10 万摄氏度，原子中的电子会脱离原子核的束缚，形成高温等离子体。在这种极高温度下，氘和氚的原子核会克服它们之间的斥力，发生聚变反应，生成更重的氦原子核，同时释放出大量的能量。

然而，由于等离子体的温度极高，目前没有任何物质可以承受这样的高温，如果让它接触到反应器，反应器将会被瞬间熔化。另一方面，接触任何物体都会让等离子体降温，反应也随之熄灭。因此，EAST 装置用真空绝热，同时采用强磁场来约束等离子体，将它们“托举”到半空中持续加热，同时又防止它与反应器接触。这个强磁场是由装置内部的超导磁体产生的，超导磁体没有电阻，所以可以持续产生稳定的强磁场，对等离子体进行有效的约束。

EAST 还配备了高精度诊断系统，可以实时监测等离子体的状态，为精确控制聚变反应提供了重要的数据支持。

在“终极能源”技术的追逐赛中，从落后到取得领先

核聚变能是被全人类寄予厚望的未来能源方式，被誉为“终极能源”。如果你把它想象成一场跑步比赛，那么这场比赛的起跑线在 1958 年，当年联合国在日内瓦召开的和平利用原子能会议是可控核聚变国际合作研究的开端。从那时起，全世界的科学家们就开始了这场赛跑。

中国的核聚变研究从20世纪70年代起跑，晚于其他国家20多年。20世纪90年代，我们引进了苏联工业试验用的托卡马克装置，经过重新设计、研制，成为中国的第一台超导托卡马克装置，应用于物理研究。

虽然这台托卡马克的成功非常振奋人心，但是要想跻身世界前列，获得国际同行的认可，就必须自主创新，取得全面的原创性成果。

作为全超导托卡马克核聚变实验装置的东方超环，成为世界核聚变研究领域的一匹黑马，近年来打破了一项又一项世界纪录。2015年，东方超环完成了一次全面升级，这之后更是能力大涨。2016年，EAST实现了超过5 000万摄氏度等离子体运行102秒；2021年，创造了1.2亿摄氏度101秒等离子体运行的世界纪录；2021年12月30日，更是实现了7 000万摄氏度高温下1 056秒运行。2023年4月，EAST又创造了403秒稳态长脉冲高约束模等离子体运行的新世界纪录。简单总结就是，要么运行时的温度等参数高，要么运行时间长，经常在这两个要素上打破世界纪录。

我们的梦想：点亮世界第一盏核聚变能灯

EAST 的每一次突破，都代表着对核聚变技术理解的进一步深化，是对未来能源的一次探索。这不仅是对科学理论的验证，也是工程技术的实践进步。

我们的“人造太阳”，站到了世界核聚变研究的最前沿。下一代“人造太阳”——中国聚变工程实验堆也在路上了，随着我国在核聚变领域研发能力的不断提升，中国智慧正在引领世界的能源研究方向。

这一切的努力都是为了一个目标——成为第一个实现核聚变发电的国家，点亮世界第一盏核聚变能灯。

把二氧化碳变成淀粉，共分几步

全球的工业生产过程会不可避免地排放以亿吨计的二氧化碳，很多时候是浓度大于 90％甚至接近 100％的高纯度二氧化碳。如果能收集起来，统统变成淀粉，不光解决了碳排放的问题，还能点“气”成“粮”。

这不是魔法，在咱们中国科学家的实验室里，已经实现了全球首次从二氧化碳到淀粉的全合成。最少只需 1.5 克二氧化碳，就能制造出 1 克淀粉。

谁知盘中餐，粒粒皆淀粉

你肯定知道，我们家常的一餐主食，无论是米饭、馒头还是面条，里面都含有大量的淀粉。那你有没有想过，这些淀粉都是怎么生产出来的呢？这个问题的答案，可以从我们熟知的植物说起。

植物将二氧化碳和水，在光的作用下转化为氧气和葡萄糖，完成光合作用。植物自身的生命活动会消耗一定的葡萄糖，用不完的葡萄糖可不能浪费，会经过一系列复杂的生化反应转化为淀粉。淀粉在植物体内起着储存能量的重要作用，以备不时之需。淀粉会被储存到植物的根、茎、种子和块茎等各个部位，当我们吃玉米、大米等谷物粮食的时候，其实主要吃的就是它们存储的淀粉。

农业手段是目前人类稳定获得淀粉的最主要途径，繁重的农活加上适宜的自然条件，才能让植物的叶子开足马力进行光合作用。经历 60 多步生化反应，二氧化碳才能

成为淀粉。而且，在植物吸收的太阳能中，只有 2%的能量用于二氧化碳向淀粉的转化。

如果把全地球的绿色植物看作一个天然的巨型能量转换站，从人类的视角看，这生产效率确实有点低。但天然淀粉的合成路径是通过长期自然选择演化而来的，其中涉及的生化调控机制无比复杂。想实现“人工合成淀粉”，得借助合成生物学的力量。

合成生物学，将自然搬进实验室

在 2015 年的时候，别说中国了，放眼全世界，合成生物学都是新兴学科。合成生物学是一门基于工

程和生物学原理的学科，旨在重新设计和构建生物系统以实现特定的功能。它通过重新设计生命合成代谢过程来创造人工生物系统，其中也包括合成淀粉这样的复杂化合物。这开创了一种全新的方法，不依赖传统的植物种植方式制造淀粉，而是通过模拟自然作物光合作用和重新设计催化反应等方式，创造出人工的生物系统来合成淀粉等有用物质。

就在这一年，中国的科学家决定向“人工合成淀粉”这一目标发起挑战。要想实现这个“人工”过程，关键是要制造出自然界中原本不存在的酶作为催化剂。酶是一种蛋白质，能够促进生物体内化学反应的进行。举一个身边的例子，我们的口水中就含有大量的酶。当我们吃东西的时候，酶可以帮助食物在口腔中发生化学反应，将淀粉转化成糖，让馒头越嚼越甜。科研人员挖掘和改造了来自动物、植物、微生物等 31 个不同物种的 62 个生物酶催化剂，通过筛选确定了适合用于人工合成淀粉的酶的组合，只用 10 个酶就能将甲醇转化为淀粉。

人工合成淀粉过程中的 1 + 10

关于二氧化碳的转化利用，中国科学家已经研究了很久。比如 2018 年提出的“液态阳光”计划，不依赖植物，而是利用光伏技术，把太阳能变成电能。有了电，就可以

小贴士

碳排放管理为什么很重要？

管理碳排放就像管理我们的零花钱一样重要！减少碳排放可以保护我们的地球，让它不再“发烧”，让天空更蓝、水更清。这样做还能创造新的工作岗位，发明出酷炫的环保科技，让我们的国家在世界上更受尊重。最棒的是，通过管理碳排放，我们可以用上更多干净的能源，为未来的小朋友留下一个健康美丽的家园！

用成熟的电解水技术生产氢气，再用氢气与二氧化碳合成为甲醇和乙醇等可再生的液态绿色燃料。这个过程相当于把阳光中的能量，转化为可储存的化学能。

液态阳光计划为我们提供了清洁的能源和基础化学品，而这仅仅是开始。科学家们进一步思考，如何利用这些基础资源合成更复杂的有机物，特别是人类赖以生存的碳水化合物——淀粉。这就需要一个全新的人工合成路径,绕过传统的植物光合作用的限制。

第一步，我们需要选择一个能供给足够碳源的物质，而且是易得且易于转化的一碳化合物，科学家最终选择了液态的甲醇。所谓“一碳化合物”，意思是这种化合物分子里只有一个碳原子。这些一碳化合物受到特定酶的作用，碳原子被活化，形成活化的一碳单位——甲醛。

接下来的十步，就像一系列精密复杂的生化反应齿轮，每个步骤之间都是紧密相连的。简单说呢，就是先把三个一碳化合物转化成含有三个碳原子的三碳化合物，再用三碳化合物组装成六碳化合物，最后把这些六碳化合物“撮合”在一起，形成最终的淀粉。推动“齿轮”转起来的重要推手，就是各种酶催化反应。

最难的，就是让这堆大大小小的齿轮平滑地运转起来：上一个环节生产能力过强，下一环节不能及时消化，就形成了堵点；要是下一个环节一直在等上面的生产资料，就形成了卡点。无论哪种情况，都会让生产出现“卡顿”，不能连续运转。

用六年，从学习自然到超越自然

打造出一条非自然的完整的淀粉从头合成路径，是全球范围内合成生物学的颠覆性进展，这绝非易事。

利用二氧化碳合成淀粉，是从没有人做过的事，翻遍所有文献也找不到任何关于合成路径研究方法的线索。在探索开始的前两年，科研人员无数次在实验中空手而归，在寂寞中坚持到第三年才终于出现转机。2018 年 7 月 24 日，科研人员看见试管中的碘溶液变蓝了。淀粉遇到碘会变蓝，这是判断是否有淀粉最简单的方法，蓝色的出现，意味着人工合成淀粉实验迎来了从0到1的突破。

能把凭空制造淀粉这条路全线打通已经非常了不起，但中国科研人员决定继续向前，将生产效率不断提升。

2021年9月24日，科研团队决定向全世界公布这一成就。此时，人工合成淀粉的效率已经提升到玉米作物的8.5倍。在能量供给充足的条件下，1立方米反应器，年产淀粉相当于5亩玉米的淀粉年产量。太阳能转化为化学能的效率大于10%，实现了对自然效率的超越。

用自然界中并不存在的“甲醇合成淀粉”这一生命过程，攻克突破性的科学实验，中国科学家开启了人类生产食物的新大门。期待这一技术能不断优化和规模化应用，帮助未来人类减少对传统农业的依赖。直接将工业排出的二氧化碳转化为食物，是对人类生存方式的一次根本性革新，将开启对抗气候变化和粮食危机的全新征程。

北京大兴机场：C 形柱托起的数学之美

2019 年 9 月 25 日，在中华人民共和国成立 70 周年前夕，北京大兴国际机场正式投入运营。新航站楼的投运仪式在采光穹顶下隆重举行，正中悬挂的五星红旗，让本就巨大的空间显得更加宏伟。

采光穹顶位于新航站楼主楼屋顶的中部，整个屋顶的总面积达到了惊人的 18 万平方米，钢结构重量超过整个“鸟巢”体育场，内部空间装得下整个水立方游泳中心。托举起这一切的，仅仅是 8 根“C 形柱”。

撑起巨大屋顶的 C 形柱

不同于常见的垂直立柱，新航站楼里的柱子像个一侧开口的漏斗，由一条条从地面延伸到天花板的曲线组成。由于它的横截面像个字母“C”，设计师就给它命名为“C 形柱”。C 形柱的顶部巧妙地与采光天窗融为一体，阳光从 C 形的敞口处流下，形成一个巨大的阳光瀑布，让巨大的航站楼空间充满了自然光。

航站楼屋顶的钢结构，由 12 300 个球形节点和超过 6 万根杆件组成，全部靠 C 形柱来支撑。两个 C 形柱之间仅相距 180 米，这是大兴机场在实际施工过程中面临的最大挑战之一。最初的设计是用 6 个 C 形柱搭配 10 根立柱，开口全部向内，让阳光聚集在航站楼中央。这个来自国外设计师的创意很惊艳，但在落地实施方案的设计过程中，中国团队发现，这么做会让采光穹顶下面很亮，但周边区域采光不足，就想到了能不能将 C 形柱的开口转一转方向。

先在计算机上模拟，又按照 1：10 的比例建造了钢结构模型之后，设计师的调整思路得到了验证：将所有 C 形柱的开口朝向中心区域之外的方向，结构会更加合理。设计师进一步将整个屋顶分解成 6 个独立的单元，一个单元用 1 个 C 形柱搭配 2 个塔节柱，也就是说用 3 个支点支撑起 1/6 的屋顶。塔节柱被隐藏在了旅客看不到的位置，之前方案中不太和谐的立柱也被 2 个 C 型柱取代，设计语言得到了统一。航站楼的自然采光也更加均匀合理，降低了照明能耗。

超大航站楼不再是旅客的“健身房”

北京大兴国际机场拥有世界最大的单体航站楼，但旅客不用担心会“跑断腿”。5 条指廊从航站楼中心点向四周延伸出去，如同 5 条长长的“手指”，既分隔了不同的登机区域，又将它们紧密相连。这种布局有效分流了人群，让旅客从进入航站楼到登上飞机的全流程更加通畅。不同指廊的间距经过精心设计，在满足使用需求的同时，又最大限度地减少了旅客的步行距离。据测算，旅客从值机岛到最远端登机口的直线距离不超过 600 米，步行 8 分钟就可到达，大大减轻了旅客的疲劳感，提高了通行效率。5 条指廊的“指缝”可以容纳更多的飞机停泊，带来了更多的自然采光，“指尖”处则是不同主题的露天庭院，为旅客提供了很好的情绪价值。保证旅客通行效率与近停机位数量，是实现年旅客吞吐量 7 200 万人次的关键的第一步。

效率与黎曼几何之美的完美结合

如果说北京大兴国际机场航站楼的内在是细节满满，那它的外观造型可称得上是耀眼夺目了。从空中俯瞰，这座巨型航站楼如同一只展翅欲飞的凤凰，流畅而有力的线条勾勒出它优雅的身姿。放射形指廊布局和灵动曲线勾勒出的屋顶，让整座建筑充满了几何学的魅力，再搭配上它取自“夕阳下紫禁城的琉璃瓦”的迷人色彩，共同编织出一副“新国门”形象。

国外设计师巧妙地利用黎曼几何，用曲线和曲面替代传统的直线和平面，创造出了这一复杂、流畅、充满变化的屋顶结构。但想要从概念图走进现实，外方给出的方案我们并不满意，这时需要一个全新的设

计思路。

参数化设计，就是解决这个难题的先进设计方法。通过定义参数、构建模型、编写算法，由计算机模拟建筑各种可能的形态，最终中方团队选出最优方案——用 88 539 块铝板组成铝板屋顶，并用 7 729 块玻璃组成采光天窗，将数学之美与建筑美学完美结合。它们没有一块相同，却让整个航站楼的自然曲线真正流动了起来。

比“鸟巢”体育场面积还大的混凝土板

北京大兴国际机场创造了很多世界之最，它是全球首座高铁穿行地下的机场航站楼，还“顺带”成了世界最大的减隔震建筑。

航站楼下面的轨道交通枢纽，约等于北京西客站那么大。多条高速铁路、地铁线在此交会，个别车次还会不停车直接高速穿行而过。频繁的列车通行，难免会给地面建筑带来振动，可能对机场的结构稳定性产生不良影响，也会给旅客带来不适感，影响候机体验。加上本来就要考虑的高等级抗地震需求，必须从源头消除振动。

为此，一个世界最大的混凝土板诞生了，面积比鸟巢还大，彻底把轨道交通和航站楼隔开。这块超大混凝土板采用了特殊的分区浇筑工艺，全程需控制混凝土内部温差不超过 25 摄氏度，以防止出现裂缝影响整体性能。施工过程中，还要确保这块巨大的混凝土板的密实度均匀一致。整个减隔震系统除了这块面积达 21 万平方米、重达 100 万吨的隔震板，还配备了 1 152 个橡胶隔震支座和 112 套大型阻尼器。一套组合拳下来，列车振动产生的绝大部分能量都被吸收和衰减，到达地面时已几不可察，旅客完全感受不到下方有列车在运行。

创造世界最大混凝土楼板并不是为了打破纪录，而是出于对建设质量和旅客体验的高度关注。年旅客吞吐量 7 200 万人的目标只是开始，北京大兴国际机场终将成为一个每年接待 1 亿人次旅客的大型国际枢纽机场，这又是一个惊人的数字。

06

C919 大型客机，中国人自己的大飞机

2017 年 5 月 5 日，上海浦东国际机场被一种难以言喻的期待与紧张气氛笼罩着。国产大飞机 C919 将在这里迎来它的首飞。随着一声轰鸣，C919 开始加速，最终腾空而起、直冲蓝天。自此，中国人自己的大飞机宣告诞生了。

静力试验：艰难的模拟考

在正式商飞之前，我们的国产大飞机面临着很多挑战，首先就是要通过多项静力试验。其中，2.5G 机动平衡工况极限载荷静力试验，就像是一场针对机体进行的“体能测试”。飞机想要安全地翱翔于天际，少不了这一场模拟考试。

2018 年 7 月 12 日，在航空工业飞机强度研究所上海分部，国产大飞机 C919 迎来静力试验“大考”。这场试验要对 C919 的机翼施加极大压力，看看它到底能承受多大的载荷，以确保在空中面对极端气象情况时，我们的国产大飞机也能克服险阻、安全降落。

在 C919 的研发之路上，极限载荷静力试验是难度最高、风险最大的项目之一。为什么这么说呢？想象一下，当飞机遇上空中暴风乱流，在俯冲不受控的状态下突然拉起，那么这一瞬间飞机机翼将承受极大载荷——相当于自身重量 2.5 倍的升力。

我们称这个最大载荷为2.5G，是机动平衡100%限制载荷。而这次要进行的极限载荷静力试验在此基础上将限制载荷提升到了150%，也就是说施加的最大载荷是在2.5G的基础上再乘以1.5倍安全系数。这意味着在这场试验中，飞机单边机翼最大载荷将达到约100吨，相当于30头大象的重量。在这样的强度下，飞机随时有可能承受不住而引发事故，这是一场极其危险的试验。

试验开始前，工程师们先在机翼上均匀地布满“加载节点”。所谓加载节点，即用钢索吊拉着的许多胶布带。它们密密麻麻地分布在机身、机翼上，用这些加载节点能真实模拟机身和机翼在空中面临的各种作用力。

紧接着试验开始，钢索开始施力。随着载荷不断增加，在场所有工作人员屏气凝神，心里像钢索一样绷得紧紧的。很快加载到80%，所有工作人员从试验区撤离到安全区域。不断加载的过程中，机翼也开始出现肉眼可见的形变，就像一只银白色的巨鹰，缓缓向上展开了双翼。

终于，C919 不负众望，完美完成了 150％极限载荷的静力试验。没有失败，一次成功。

从中国制造到中国创造

其实早在 C919 立项之前，中国就一直参与各国的飞机制造。就连波音公司、空中客车公司等世界巨头，也在制造和研发上一直与中国保持密切的合作关系。但我们的目标不仅仅停留在“中国制造”，更重要的是“创造”，即自主研发和设计属于我们自己的大飞机。

C919 之所以是公认的中国第一架国产大飞机，正是因为这“创造”二字。设计和建造一款全新的大飞机与直接订购、间接改装不同，是一场体现航空硬实力的大仗。就像我们常用的手机，厂家按照要求制作零件不难，按照样机制造仿版不难，难的是设计和创新出一部不一样的手机，把各零件的工程图画出来，最后把它们组装成型。也就是说，最难的是设计和落地。而 C919 正是做到了这两点，它是我国完全自主研发设计的大型客机。

2006 年，大型飞机被确定为国家重点科技专项之一；2008 年，首个单通道常规布局 150 座级大型客机机型“COMAC919”正式发布，简称“C919”；2011 年，C919 项目通过国家级初步设计评审，转入详细设计阶段；2015 年 11 月 2 日，C919 大型客机首架机在浦东基地正式完成总装下线。

短短十年间，国产大飞机就从一个念想实施落地，成为中国航空里程碑中一股不可撼动的创造实力证明。

国产大飞机，到底创造了什么

C919 大型客机是我国首款按照国际通行适航标准自行研制、具有自主知识产权的喷气式干线客机。机身总长 38.9 米，翼展 35.8 米，总高 11.95 米，座级 158—192 座，航程 4 075—5 555 千米，和波音 737 和空客 320 为同一级别。

它的超临界机翼设计是其中一项重大技术亮点。相较于传统翼型，超临界机翼翼型的整体阻力小 8% 左右，可以使巡航气动效率提高 20% 以上，巡航速度提高 100 多千米 / 小时。与此同时，它还能够减轻飞机的结构重量，增大结构空间和燃油容积。也就是说，这项技术不仅提高了飞机的气动效率，还大大降低了飞机油耗和飞行阻力。超临界机翼在提升 C919 经济性的同时，也兼顾了安全性的提升。

特殊新材料的应用，是 C919 另一项革命性的突破。为了减轻重量，提高耐久性和安全性，研发团队选用了大量先进材料，如碳纤维增强树脂基复合材料、第三代铝锂合金、钛合金等。碳纤维增强塑料比传统铝合金更轻，比钢更硬，其密度是铁的 1/4，强度却是铁的 10 倍。而且它的化学组成非常稳定，有更好的抗疲劳性能。

在复合材料使用上，C919 的方向舵、飞机平尾、机翼前后缘、翼梢小翼、后机身等部件都能看到它的身影，用量达到机体结构重量的 11.5%。为了确保这些复合材料能够胜任，科研人员进行了复合材料结构破坏机理研究，也就是和机翼静力试验一样，对这些组成部件的复合材料进行测试，确保它们在极端条件下也能应对自如。在 C919 项目中，研制团队用大量的试验数据保证了飞机所用材料的可靠性。

起飞，飞到世界各地

2023 年 5 月 28 日 12 时 31 分，C919 大型客机圆满完成首次商业飞行——执行

MU9191 航班，从上海虹桥机场飞往北京首都机场。不仅仅是我们国人关注着这一航班，还有来自全世界的许多眼睛时刻注视着最新动态。

作为中国自主研发的首款干线民用飞机，C919 从刚问世就迅速吸引了全球航空业界的目光。国产大飞机的性能可以与国际一流机型相媲美，在同类机型中竞争力很强。不仅如此，C919 的价格相对较低，运营成本也较低，也就是传说中的“物美价廉”。对世界各国来说，这就如同突然出现了爆款新品，岂能不关注它！对于各国航空公司来说，C919 的竞争力不单单在于它的成本效益比，更重要的是其背后所蕴含的市场潜力——引进 C919，不仅能够提升自身的竞争力，还能借力中国庞大的市场，实现业务的快速增长。

现在的 C919 已经走出国门，获得了多个国家和地区的订单以及适航认证。国产大飞机的故事，才刚刚开始。

世界最长跨海大桥——港珠澳大桥

中国是世界上建桥历史最早，桥梁种类最多的国家之一。如今，在浩瀚的伶仃洋上，又一条蜿蜒的巨龙横空出世，它就是粤港澳大湾区互联互通的脊梁——港珠澳大桥。这座被誉为“新世界七大奇迹”之一的世界最长跨海大桥，历时近十年，才终于实现了人类与自然和谐共生的壮举。

现代版“定海神针”：人工岛

这座全长 55 千米的大桥实际上是一项浩大的桥隧工程，顾名思义，它是由主体桥梁和海底隧道组成的。为此，工程师们需要寻找连接主体桥梁和海底隧道的岛屿。可惜的是，在路径范围内并没有合适的岛屿可以使用，这意味着我们需要建造海上人工岛。

由于造岛海域的海床上有 20 米厚的淤泥，如果采用常规抛石法或者重力式沉箱建设基床，它们就会在柔软的淤泥上移位。想要解决似乎很简单，只要把淤泥清理掉就可以了。可这淤泥多达 800 万立方米，相当于三座胡夫金字塔的体积，把它们移走不仅是工程量的问题，还会对生态有不可估量的影响。于是，钢圆筒围岛计划应运而生。工程师们把巨型钢圆筒直接固定在海床上，每个钢圆筒重量达到 550 吨，直径 22.5 米，横截面相当于篮球场的面积；高 55 米，有 28 层楼那么高。这些钢圆筒被用起重机吊起的定制巨大振动锤打入海底，就像巨型粗吸管一样能稳定地插在淤泥中，接着在里面填沙形成人工岛。这样既不用移走淤泥，又不会对海洋造成污染，还能牢牢固定住岛屿。

史无前例，近7千米的海底隧道

港珠澳大桥由四座人工岛、主体桥梁和海底隧道组成。其中，长达6.7千米的海底隧道，是建造难度最高的部分。它由33节沉管对接而成，被埋在海平面以下40多米深的海底。每一节沉管一般长180米、宽38米，相当于16个篮球场的面积。一节沉管接近8万吨，几乎是一艘航空母舰的排水量。33节沉管消耗了33万吨钢筋和100多万立方米混凝土，相当于8座迪拜塔的用材量。它们被依次沉入海底，然后进行严密的无人对接。

为了在一年半内完成海底隧道的建造，我们特地从德国请来了经验丰富的专家。他们的高精度自动化模板系统能显著提升工程效率，确保按时完工。可他们的报价实在太高，我们只能自主研发高精度的自动化模板。最终，中国工程师们仅用6个月时间，就建成了这座沉管隧道工厂，其巨型模板的用钢量高达3 000吨。有了这个模板，每个月就能造出两节巨型沉管。

造得出还得沉得下去，33节沉管下沉到40米深的海底，进行无人对接，且要求误差控制在两三厘米内，其难度可想而知。最后一节沉管是“压轴大戏”，因为它决定着这项工程的成败，任何一点失误都有可能导致项目前功尽弃。工程师们要将它运送到下沉位置，然后精准地嵌入前后两节沉管之间。项目组一共准备了13艘船，分布在沉管周围，来控制它移动的方向。几乎全组的工作人员都上岗了，为的就是将它一点、一点、一点地挪动到下沉位置。每一厘米的前进，都需要所有人的配合与发力。

可大海不是平静的泳池，上有海风，下有海流，这些变幻莫测的自然之力时刻牵动着工程师们的心。在移动和下沉过程中，沉管多次受它们限制而无法继续行动，我们不得不停下手头的进度，观测并等待现场条件好转。终于在2017年3月7日上午9点，经过近26个小时无间断的努力，海底隧道的最后一节沉管对接成功。

沉管组装完成后，质检小组还要下潜到50多米深的海底，对安装进行评估。他们需要下潜到预定安装沉管的位置，测量多项数据并及时传回海面上的控制船内，然后将得到的数据和项目标准进行比对。评估哪怕有一点不合格，都意味着这条近 7 千米的海底隧道有着极大的安全隐患。好在，一切数据正如预计的那样，体现着中国人一丝不苟的工匠精神。

九年诞生，百年寿命

经过前期周密的计划和准备，港珠澳大桥在 2009 年 12 月 15 日正式动工。2017 年 7 月 7 日，主体工程全线贯通；12 月 31 日，主体工程全线亮灯。2018 年 10 月 24 日，港珠澳大桥正式通车，宣告了这一世界级工程的圆满竣工。九年内，这座破纪录的跨海大桥实现了从 0 到 1 的突破。

港珠澳大桥的使用寿命，采用 120 年的国际标准。这个使用寿命就像是食品的保质期，是确认安全的时限。而每一个在这座大桥上行驶过的人都可以看出，港珠澳大桥的制作用料、工艺和精度，都是目前全球领先的，跨世纪的使用寿命仅仅是一个保守估计。它最终能跨越历史长河通向何时，可能像万里长城一样需要一代代人来见证。

港珠澳大桥总投资额高达 1 269 亿元人民币，它是“一国两制”框架下、粤港澳三地首次合作共建的超大型跨海通道。它的设计充满了东方哲学的韵味，以“珠联璧合”为核心理念，寓意着粤港澳三地的紧密合作与共同繁荣。

除了开创国际先例的海底隧道和人工岛之外，高塔斜拉桥的设计与建设，也展现了桥梁工程美学与力学的完美结合。港珠澳大桥的青州航道桥、江海航道桥和九洲航道桥，以雄伟的斜拉桥形式跨越伶仃洋，其主塔高达 100 多米，采用先进的抗震设计和耐久性材料，确保了桥梁在极端气候条件下的稳定性和安全性。

专利傍身的海洋生态纽带

在港珠澳大桥的建设过程中，科研团队不断突破技术瓶颈，为全球桥梁建设提供了宝贵经验和技术参考。同时，大桥创下了多项世界之最，包括世界最长跨海大桥、全球最长海底沉管隧道、设计使用寿命最长、施工难度最大、全球最大沉管预制工厂等，每一项成就都是中国人智慧与勇气的结晶。

在追求工程奇迹的同时，环保始终是我们不曾忽视的一项。中华白海豚是 1997 年香港回归选定的吉祥物，在港珠澳大桥设计初期就发现工程会经过它们的保护区。从立项开始，工程师们就立下誓言："大桥通车，白海豚不搬家。"在施工过程中，项目组实施严格的海洋生态监控计划，通过调整施工时间避开海豚繁殖高峰期、使用低噪声施工设备等手段，有效降低了对海洋生物的影响。至大桥竣工前后，监测结果表明依然有约 1 890 头中华白海豚在港珠澳大桥周边海域自在地生活。

大桥建设还配套建立了海洋生态补偿机制，对受损的海洋环境进行修复和补偿，促进了海洋生物多样性的恢复。这些环保举措，使港珠澳大桥不仅是一座技术的丰碑，更成为绿色、可持续发展工程的典范。

港珠澳大桥通车前，从珠海至香港的通行时间往往需要三个多小时。如今，这座“跨海长龙”以 30 分钟穿越三地的速度，极大地缩短了往来时间，重新定义了区域连通的效率。这无疑在全球基础设施建设史上树立了一座新的里程碑，展示了中国在超大型工程规划与实施方面的卓越能力。在未来的岁月里，港珠澳大桥将继续见证粤港澳大湾区乃至中国的繁荣发展，为各区不断传输源源动力。

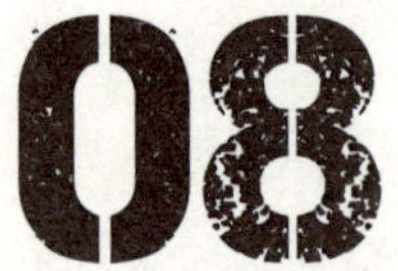

“复兴号”动车组绿色轻驰的诀窍

在 350 千米时速下，“复兴号 CR400”列车比“和谐号 CRH380”列车节能 10%，这意味着在北京和上海间往返一趟，就能节省 5 000 多度电。

从中国动车组的命名规则来看，“复兴号 CR400”最高时速可达 400 千米，“和谐号 CRH380”的最高时速是 380 千米。“复兴号”是最新一代中国标准动车组，可以跑得更快，却更省电。要实现这个目标，得从“轻量化”这三个字说起。

轻而坚固，空但结实

“轻量化”首先是材料“轻”。目前我国动车组车体的制造材料大多采用铝合金，这种金属材料又轻又坚固，而且很常见。铝合金优点这么多，却没有在传统普速火车上使用，原因是材料常见不等于用起来简单。

就拿动车组用的超薄中空型材来说，它的加工，要通过国产的万吨级铝型材挤压机，将上千吨的铝锭一次挤压成所需要的部件。挤压的过程曾经是德国、日本制造业的秘密。现在我们已经掌握了这项技术，通过控制挤压速度的快慢，将挤压过程产生的温差控制在 50 摄氏度以内。这一关键技术的掌握，使我们成为少数几个有能力研发制造这种材料的国家之一。

所谓“中空”，是指车体部件内部不是实心，而是一个个三角形的空腔。我们都知道，三角形具有不易变形的物理特点，可以承受较大的外力。再通过预先的受力分析，预测车体不同部位承受外力的大小。这样在生产车体部件的时候，在受力比较大的地方，可以让三角腔小一点、排布密一点；反之在受力较小的地方，三角腔就会大一点、排布稀疏一点。

轻才能跑得又快又好

通过材料、结构、工艺等多方面的努力，动车组的重量减下来了。更轻的车身，意味着列车运行时需要的动力会更小，也有助于提高其最高运行速度。同时，因为车身更轻，所以列车在制动时可以更快地减速，提高了列车的安全性。

因为车身更轻，列车在运行过程中需要消耗的能量也会更少。考虑到目前的能源生产和使用通常会产生一定的环境污染，这不仅可以帮助减少列车的运行成本，也有助于减少对环境的影响。更轻的列车对铁轨的压力更小，这样就可以减少对铁轨的磨损和破坏，从而延长铁轨的使用寿命，减少维护和更换铁轨的成本。

更轻的列车在运行过程中产生的噪声和震动都会更少，能提高乘客舒适度，减少对周围环境的噪声污染。

“动车组”名字的由来

有时我们会听到一句老话，说“火车跑得快，全靠车头带”，这会让我们错误地以为，火车的动力全都来自车头。确实，我国的普速火车是得“全靠车头带”才能跑起来，但是咱们动车组却把原本只装在车头上的电动机，分散安装在了车头和动车车厢上。

在这种动力分散的模式下，动车组由动车和拖车组成，动车上安装有电动机，可以产生前进的动力。动力被分散到多个动车上，每个动车只需承担部分动力，这就像赛龙舟，努力划桨的人变多了，步调一致地发力，速度当然就大大提高了。

普速火车因为动力装置集中在车头，导致车头很重，施加在轨道上的局部压力较大。而采用了动力分散模式的“复兴号”，常见编组形式是 8 辆车编成一个组，4 辆为动车，4 辆为拖车。由于动力分散在各个动车上，重量也就被分摊到各个动车上，对轨道的局部压力也相对较小，对轨道的要求也就相应降低了。

动力分散的动车组加速快，可以尽快离开站台；速度高，能尽快到达目的地。那么每天就可以多开几班列车，运送更多乘客。

“刹车”让动车组变身发电站

当动车组在轨道上高速行驶时，遇到要进站停车或者其他需要减速的情况，就要对车进行制动，也就是我们俗称的“刹车”。

“复兴号”动车组制动的时候，会优先采用再生制动技术，把动车组上的电动机临时切换成发电机模式。整个动车组就变成了一个小发电站，将列车减速释放的能量转化成电能，还能输送回电网，供相邻的动车组使用。

但当动车组的速度很慢，或快要停车时，再生制动的效果就不太好了。这个时候，动车组会启动另一种制动方式，叫作盘形制动，就像汽车的刹车一样，通过摩擦力来减慢车辆的速度，能量就以热能的形式散失掉。

两种制动方式相结合，不仅能够有效地制动动车组，还把部分原本会被浪费的能量转变成可以再次利用的电能，实现了能源的循环利用，是一种非常绿色的制动方式。

“飞龙”破风而行

还有一件大事儿不能忘了：列车想高速行驶，最大的敌人是空气阻力。就像我们在大风中走路会感到很艰难一样，动车组速度越快，行驶时遇到的风阻越大，能耗也会大幅增加。对于飞驰在铁轨上的复兴号来说，当它的时速超过 200 千米后，空气阻力就会成为它前进的主要阻碍。

复兴号克服这巨大阻力的关键词是“空气动力学”。它从头部到车身都采用了仿生学流线型设计，以减小空气阻力。光是复兴号的车头，就先从大量的概念方案中挑选出 46 个，然后选出 23 个进行工业设计；其中 7 个方案闯入“决赛圈”，被制作成了 1 ：8 的缩比模型，并进入风洞试验，最后确定出来现在的“飞龙”方案。

复兴号的车身设计一样细节满满，车身外表光滑，底部平整的“车裙”罩内隐藏着各种设备，就连车顶上的受电弓也用特制的导流罩保护起来。

候车站台上，时不时能看到外国朋友举起手机、相机，拍下复兴号进站那一刹那滑入画面的“长鼻子”车头。在中国的很多地区，高铁出行日益“公交化”。中国人能享受到这种习以为常，离不开动车组的制造车间。

在制造车间里展望未来

车体制造是第一步，要将地板、侧墙和车顶焊接在一起，形成一个筒状的车体结构。在全长 25 米的车体上，无论一条焊缝是长还是短，都必须一口气焊完，变形范围控制在 5 毫米之内。一旦开始焊接作业，自动手臂将负责外部焊接，多位工人则在车体内部实施人工焊接。他们统一从车体中间开始，朝两端行进，焊接的行进速度始终保持一致。自动化和中国工人的共同努力，夯实了车体三十年使用寿命的基础。

动车组的轻量化是一个系统工程，体现的是一个国家的综合设计和制造水平。有能力选择使用大型超薄中空型材，本身就起到了减少零件总数的作用，车身的焊接工作量也因此大大减少。在使用寿命结束后，这些材料还可以被回收利用。

为了进一步减轻重量，车内地板、侧墙、天花板等，大量采用了新技术和新材料，还顺带满足了抗振、防火等需求，车下设备舱等部位也开始应用新型碳纤维复合材料。新材料的研究和应用是轻量化发展的下一个目标。

中国标准动车组领跑世界

2017 年 9 月 21 日，7 对“复兴号”动车组在京沪高铁上以 350 千米的时速运营，标志着中国成为世界上高速铁路商业运营速度最高的国家。截至 2022 年年底，中国建成了世界最大的高速铁路网。越来越多的“复兴号”动车组飞驰在祖国大地，型号也越来越多，有适应寒冷天气的高寒动车组，有可以自动驾驶的智能动车组，还有加长版动车组等。

“和谐号”动车组时代，不同车型之间标准系统不统一，带来很多运营、维护上的麻烦。在“复兴号”身上所采用的 254 项重要标准中，中国标准占到 84%，整体设计和关键技术全部自主研发，具有完全自主知识产权。不同厂家制造的“复兴号”可以互联互通，零部件都可以互换使用，这也是国际首创。

短短十几年的时间，中国高铁技术就走完了引进学习、消化吸收、打造中国标准动车组之路。从追赶到领跑，复兴号不仅是速度与效率的象征，更是我们国家科技创新能力和制造业实力的鲜活体现。我们相信，中国铁路事业将以更加坚定的步伐、更加先进的技术、更加绿色的理念，继续引领世界高铁发展的新潮流。

09

让中国高铁“贴地飞行”的底气

京沪高铁连接着北京和上海，是当今世界上运营时速最快的高速铁路，最高可以达到 350 千米，说它是在“贴地飞行”一点都不夸张。但如果没有人提起，你可能会忽略一个令人震惊的事实——在这全长 1 318 千米的京沪高铁线上，钢轨上没有一个接缝。将多段出厂时只有 100 米长的钢轨焊接成一整根，这只有无缝钢轨技术做得到。

“一根”钢轨铺到底

无缝钢轨是很长很长却没有接缝的铁轨，它对于高铁列车在高速行驶时能平稳运行很重要。中国有几个被称为“焊轨基地”的地方，在那里，5 根 100 米长的钢轨会被焊在一起，成为一根长 500 米的钢轨。这些钢轨都有一个条形码，是焊接前首先要检查的“身份证”，可以读出每根钢轨的质量检测数据和焊接参数，通过多项检查，合格的、参数匹配的钢轨才能进行焊接。

焊接钢轨时，要用到一种特殊的焊接方法——“闪光焊”。工人首先把两根钢轨的头部对齐放好，然后通过强大的电流让钢轨的接触面变得非常热，热到钢铁都开始融化。（这部分的工作原理和家用电热壶类似，利用了电流通过产生的电阻热。）当钢铁变软变热后，机器就会用很大的力气把两根钢轨挤压在一起，让融化的钢铁相互混合。等钢铁冷却变硬后，两根钢轨就变成了一根完整的长钢轨。整个过程非常快，只需要 80—140 秒就完成了。这种焊接方法很厉害，因为它不需要额外添加其他金属材料，焊接出来的地方和原来的钢轨几乎一样坚固。然后对焊接好的钢轨进行高精度打磨和检查焊缝等一系列操作，最终让接口精度控制在惊人的 0.1 毫米级。这样的 500 米长钢轨才能运往高铁铺设现场。

运输这些钢轨也不是件容易的事儿，光是吊起这样一根长 500 米、重达 30 吨的钢轨，就需要动用 36 台龙门吊一起发力，放在由 36 节平板车组合出的长轨运输火车上，然后通过现有铁路线运往铺设现场。那么问题来了：铁路也不全是直的，火车转弯的时候怎么办？别担心，相对于钢轨的横截面来说，钢轨的长度非常长，完全可以让钢轨具有一定的弹性和变形能力。当运输车行驶到不是直线的线路时，钢轨就会随着线路的形态变化，暂时“扭”成 C 形甚至是 S 形。

随着长钢轨到达铺设现场，500 米长的钢轨要再次焊接成 2 千米长的钢轨，将一根又一根 2 千米长的钢轨拼接起来，就完成了北京到上海只有一根钢轨的惊人壮举。

全方位应对热胀冷缩

一想到无缝钢轨这么长，有一些自然常识的你肯定会想到，在炎热的夏天和寒冷的冬天，它们会不会因为温度的变化而产生热胀冷缩，带来问题呢？当然会，但这也是高铁建设和运营过程中必须克服的困难。

选对钢轨是解决问题的开始。钢轨有不同的型号，代表着不同的特性。不同的地理区域有着不同的温度变化规律，选择正确的钢轨型号，就能减少伸长和缩短的幅度。

选对日子也很关键。提前把施工季节和当地温度的变化范围充分考虑进来，选一个温度适中的时候，将钢轨进行无缝焊接，并用扣件等结构把它锁在轨枕上。只要在这个温度下，扣件能被安全地锁紧，在温度上下变化时钢轨的形状变化就会被控制在安全范围内。这个指标叫作“锁定轨温”。

热胀冷缩带来的温度力其实很可怕，如果温度发生 50 摄氏度的变化，无缝钢轨就会承受相当于 100 吨物体重量的力，如此巨大的温度力足以将钢轨顶得七扭八歪，更不要说有些高铁线路上会同时出现雪山和炙热的沙漠，温差甚至高达 80 摄氏度。

中国的南方地区四季温度变化不大，那里的铁路因温差较小，受热胀冷缩的影响也比较小。北方地区冬夏温差大，需要定期检查钢轨积累的温度力，必要的时候，

小贴士

温度力

温度力就像钢轨因冷热变化想要伸缩时产生的“推力”或“拉力”，温度应力则是这种力在钢轨内部分布的程度，就像是钢轨内部感受到的“紧张感”。

还会把扣件打开来释放温度力，尽量避免温度对轨道造成的不良影响。另外，日常的持续观测工作必不可少，一旦数据异常，工程师们就会尽快介入。

控制热胀冷缩是个立体的工作，就拿连接着轨道板和轨道的高强度轨道扣件来说，强度和弹性要能经受住6万小时的疲劳测试。中国工程师攻克了材料和生产上的难题，已经可以通过高度自动化的生产线加工出需要的扣件来了。

扣件一端连接着钢轨，另一端则利用螺栓等零件牢牢地固定在轨枕上，无缝钢轨和轨枕之间的连接非常牢固，让钢轨不会因为温度变化而在轨道上移动，温度力就被控制在两个轨枕之间，不会传到整个铁路线上。

都说到轨枕了，那就不得不提到高速铁路所使用的另一项先进技术——无砟（zhǎ）轨道。

让平地更平的无砟轨道

在今天的中国，很多城市之间都有公交化的高铁线路在运行，快速到达已经成为一种习惯。这种习惯始于 2008 年 8 月 1 日 12 时 35 分，随着 C2275 次列车从北京南站缓缓驶出，我国首条高速铁路——京津城际铁路正式通车运营。从此，北京和天津两地之间，只隔了 30 分钟左右的车程。它是我国第一次全面采用国际上最先进的无砟轨道技术，运行轨道由 3 万多块白净平坦的轨道板铺设而成，使中国成为继德国和日本之后，世界上第三个拥有无砟铁路的国家。

“砟”指的是道砟，意思是碎石块。普通列车跑在有砟轨道上，钢轨下方铺着 30 厘米厚的小石块和枕木。而无砟轨道直接就在大地砖一样的轨道板上铺设钢轨。有砟轨道虽然历史悠久，建设起来便宜快捷，但列车速度快到一定程度之后，轨道就容易变形，道砟也会磨损粉化、四处飞散。想让高速列车顺利跑起来，必须采用无砟轨道技术。

无砟轨道板看上去就是个笨重的混凝土块，容易让人产生“中国生产这个东西应该挺简单”的误解，实际上它的技术含量极高。作为一整块混凝土，轨道板每 1 平方米的面积，要能承受住 4 900 吨的重力，出厂前经过大型数控磨床打磨后，精度达到 0.01 毫米。每一块轨道板里还预埋了芯片，相当于一个“身份证”，记载了重要生产信息。因为每一块轨道板都是定制品，长度、薄厚都不一样，铺设的时候连前后顺序都不能调。在铺设现场，借助轨道板铺设自动精调机，两块轨道板的铺设误差最终不超过 0.5 毫米。

我国对无砟轨道的研究可以追溯到 20 世纪 60 年代初，与世界上一些高铁发达国家几乎同步开始高速铁路研究，虽然很遗憾我们曾经落后过，但我们追赶起来可谓神速。中国第一条高铁上的无砟轨道板是从国外技术引进的，在看似对中国透明的生产过程中，外国技术人员设置了很多障碍。可以教你怎么做一块轨道板，但它是否合格，检算过程却不告诉你。中国的决心，是建设世界最大的高速铁路网，掌握关键技术非常重要。另一方面，中国幅员辽阔，环境多样，引进来的技术一定会出现本土化适应不良的问题，这个谜必须解开。经过一年多的努力，各相关领域的专家集体攻关，终于破解了无砟轨道的结构及轨道板的秘密，设计出了自己的检算软件。

当我们建设京沪高铁的时候，几百万块的轨道板，完全国产化。

这就是我们的追赶方式：在引进技术的同时，不断内化并根据中国实际去改进，很快形成自己的生产力。现在，我们已经拥有了 CRTS Ⅲ型无砟轨道板成套技术，它具有完全自主知识产权，一举使我国成为高速铁路无砟轨道系统原创国。它的出现不光打破了国外的技术壁垒，还有力地支持了中国高铁走出国门。东南亚首条高铁——连接印度尼西亚的首都雅加达和第四大城市万隆的雅万高铁，就采用了这种无砟轨道板。

稳稳托起中国高铁飞速运行的无缝钢轨和无砟轨道，放在中国高速铁路庞大的研发体系中，只算得上是两个细节。正是无数这样普通而又不凡的细节，撑起了中国高铁这一国家战略。细节不小，研发不停，相信在辛勤的劳动者、智慧的学者和自豪的新一代共同努力下，中国高铁建设将创造更多的奇迹。

10

大大的盾构机，有大大的胃口

19 世纪初，码头上一块被虫蛀的船木，启发了人类工程师，一步步发明出盾构机，引发了现代城市建设和工程方法的大革命。

凿船贝啃木头，工程师挖隧道

大约二百年前，英国伦敦码头的繁荣，让地面交通不堪重负。于是就有人想到，既然建新桥会阻挡船只，那就借鉴煤矿开挖的经验，在泰晤士河下面挖个隧道。理查·特里维西克是个发明家兼矿业工程师，他觉得这个想法靠谱，就找了同乡矿工一起来到伦敦准备开挖隧道。1807 年开工的时候还比较顺利，施工到了 1808 年的时候，由于流沙和水的侵袭，这个仅能供勘探地质用的狭窄河下隧道工程就失败了。

马克·伊桑巴德·布鲁内尔是一个热爱钻研隧道的技术狂人，他在大自然中找到了解决办法。布鲁内尔在英国查塔姆皇家造船厂发现了一块腐烂的船木，他用放大镜观察木头，发现里面有凿船贝。凿船贝大名叫船蛆，是一种长得像蠕虫的软体动物，前端有两片贝壳，虽然贝壳又小又薄，可一旦旋转起来，上面像小锉刀一样的结构，能把木材钻出孔来。它们把木屑吃下去，可以排出硬而脆的废物，能帮助自己抵御捕食者。布鲁内尔意识到，船蛆的掘进技术对于船长来说是噩梦，但是在他手里，可以成为人类全新的挖掘方式。

布鲁内尔让盾构技术有了雏形，但全新技术的实施很难一帆风顺。他于 1825 年开始建造隧道，中间经历了大大小小的事故、停工、资金不足、工人患病身亡等问题的困扰。最终，这条不到 400 米长的隧道，花了十六年零两个月的时间，于 1841 年 8 月 12 日，终于从泰晤士河的南岸挖到了北岸。掘进效率惨不忍睹，每天只有 10 厘米。

一个规划用来跑马车的隧道，建成后遗憾地降级为行人走廊，成了个景点，花上一便士可以参观一下的那种。直到 19 世纪 60 年代，泰晤士河隧道成了伦敦地铁的一部分，至今仍在服役。

“吃土”，盾构机是专业的

时间来到现代，经过一百多年的技术迭代升级，现代的盾构机已经是高度自动化和智能化的大型工程机械了，是隧道施工的主流装备。

以我们普通人的视角，横看盾构机像一个在地下工作的巨大列车，由车头盾构主体和后续设备台车组成。从正面去看，盾构机最前面的刀盘像一个盾牌，盾构机的“盾”字由此而来。司机坐在后续设备台车中的操作室，一旦盾构机开动起来，最前端的切削刀盘就会旋转着向前发力。刀盘上不同类型的刀具分工合作，能把前方遇到的泥、沙、岩石磨碎了“啃”下来，这是掘进的过程。

啃下来的渣土会统统进到“嘴里”，通过内部的传送装置，传送到后续设备台车，再经过传送带或车辆运往后方的出口，这个过程叫作排渣。

盾构机中的“构”字，是指掘进之后的加固工作。除了硬岩石等不需要加固的情况以外，很多地质条件下施工必须一边挖一边加固，这个工序叫作衬砌。工厂会提前加工好很多预制混凝土管片运到施工现场，再一块块地安装到周围的隧道壁上，用来防止隧道发生塌陷和漏水等事故。

量身定制，周而复始的前进

一个盾构工作循环是这样的：盾构机推动刀盘旋转前进，挖掘到一环管片的宽度后就停止前进。通过车辆运来的混凝土管片，由起重机吊送到盾构机前端的管片拼装机处，拼装机将一块块管片贴装在刚露出的新鲜隧道壁上。这时的盾构机身后，刚刚开挖出来的隧道就成为一个巨大的混凝土管道。接着就可以进入下一个工作循环了。

中国幅员辽阔，几乎拥有地球上所有地质类型。每一台盾构机的生产，都要由研发单位根据不同地质下的施工情况，从刀盘样式到工作方法进行全面专属设计。如果要在软土中打隧道，就要研制土压平衡盾构机。富水的砂卵石地层中，细小沙粒中混着坚硬的卵石，有时还有地下水，这就要派泥水平衡盾构机。如果要挖坚硬的岩石，比如山里的隧道，就得来个硬岩掘进机了。讲究“平衡”很重要，盾构机向前掘进的时候，如果刀盘前面的压力过大，那它通过的地方地面会隆起；如果刀盘前面压力过小，那它所到之处，地面会下陷。还要根据渣土的情况设计排渣环节，在泥水管路和土石螺旋传送机之间做出选择。

盾构技术的发明使隧道工程安全系数大大提高，还提高了施工效率。无论是地铁建设、海底隧道、穿山隧道，还是市政管网建设，有隧道的地方常常有盾构机的身影。凿船贝对于当年的哥伦布航海来说是个灾难，可对于现代生活来说，我们可就要对大自然说一句：“谢谢你，启发了人类。”

11

天舟飞船和天宫空间站，一对好搭档

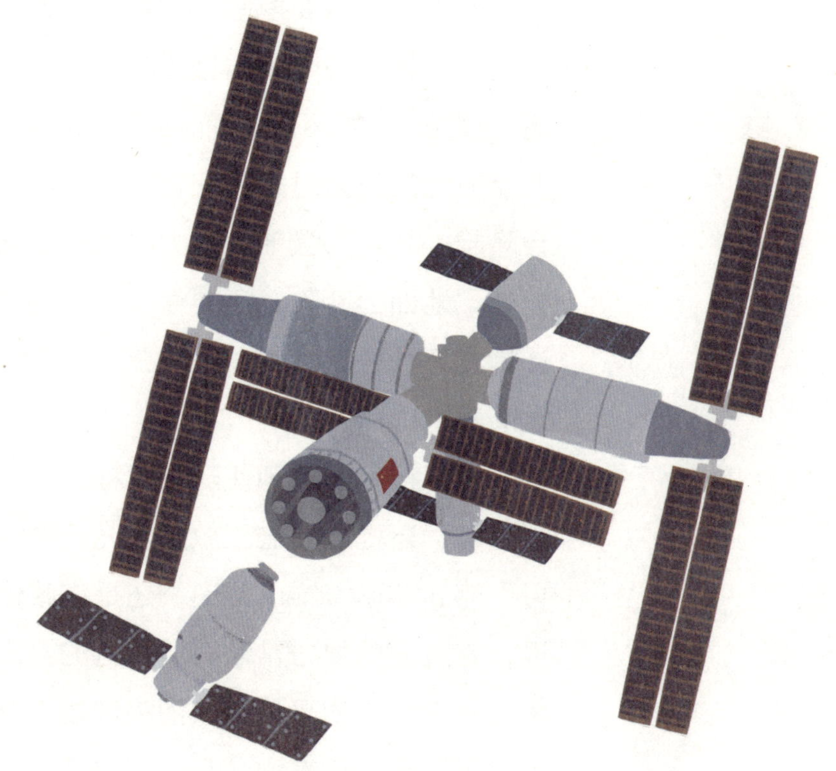

中国空间站很高，飞行在距离地面约 400 千米高的地球轨道上。长征火箭很快，只消 10 分钟，就把天舟货运飞船送到高度约 200 千米的近地轨道。在这个地方，船箭分离，天舟飞船展开了自己的太阳能帆板。接下来，天舟要独自飞行，把 200 千米的轨道高度差追平。

从一年 2 次，改为两年 3 次

从天舟六号开始，天舟货运飞船将从每年发射 2 次，改为两年发射 3 次。一次“快递”，要同时保障神舟两个乘组的在轨使用需求。

通过 4 次变轨，天舟飞船将自己提升到了空间站的高度，并来到了距离空间站 400 米的停泊点，然后慢慢靠近到 19 米处的停泊点，最终稳稳地对接在了天和核心舱的后向端口。从发射时间开始算起，3 小时快速交会对接程序就完成了。

作为世界现役货物运输能力最大、货运效率最高、在轨支持能力最全的货运飞船，天舟的发射频率降低，保障质量却不会下降。天舟二号至天舟五号货运飞船，它们同时肩负着物资补给和辅助空间站建造的任务。随着空间站从建设阶段转入应用与发展阶段，天舟六号货运飞船的内部空间被改造得更大，装载能力得到了提升，代价仅仅是减少一层推进剂补加贮箱。

小贴士

近地轨道

地球轨道泛指围绕地球运行的物体所在的路径，而近地轨道是距地球表面约 160—2000千米的轨道区域，是人造卫星和空间站最常使用的轨道高度范围。

霍尔推进器，从科幻走入现实

和天舟飞船送去的其他物资相比，推进剂没有得到过什么像样的关注度，但它却是维持空间站运行最重要的物资之一。虽说空间站运行在地球轨道，自己就能维持在一定的高度上，但是在长达几年甚至是设计寿命要达到的十年以上的时间中，在微重力和太空中稀薄的气体带来的阻力下，空间站会不断减速，导致轨道降低，所以时不时要消耗一些推进剂来维持轨道高度。如果遇到紧急情况，像是躲避其他航天器或者天体，那就更废燃料了。

为了节省推进剂，天和核心舱的末端安装了 4 台霍尔推进器。霍尔推进器是一种特别的太空引擎，它用电来产生推力，让舱体在太空中移动或者调整位置。这是个非常“科幻”的设计，霍尔推进器用电子枪轰击惰性气体氙，把氙气变成带电的粒子，这些带电的粒子会在磁场的作用下加速，从引擎的一端喷出去。当这些粒子飞快地往后喷，霍尔推进器和舱体就会往前移动，这充分利用了牛顿第三运动定律——作用力和反作用力相等且方向相反。实际上，几乎所有太空推进系统都是基于这一原理工作的，不论是化学火箭发动机还是离子推进器。但霍尔推进器的独特之处在于它使用电磁力而非化学反应来加速推进剂，这使得它能以极高的效率利用推进剂，虽然推力较小，但单位推进剂产生的推力时间非常长，非常适合长期太空任务。

霍尔推进器要用到的推进剂比普通的火箭引擎要少很多，产生的推力却足够让空间站做精细的移动。它可以在太空中连续工作好几年，而不像火箭发动机那样爆发式工作。霍尔推进器可以反复开启和关闭，这对于需要长时间精确控制轨道的空间站来说特别重要。就这样“细水长流”式地发挥作用，霍尔推进器成功地辅助空间站抵抗轨道降低，使其维持在原定轨道上正常运转。

霍尔推进器工作时，会发出耀眼的蓝色光芒，虽然单台推力只有区区 80 毫牛，但托起了中国空间站，还给了天舟货运飞船减少发射频次的底气。

小贴士

天和核心舱的模块构成

天和核心舱主要由节点舱、生活控制舱（包括小柱段和大柱段）、后端通道和资源舱组成。节点舱位于前端，呈球形，有多个对接口可用于载人飞船、货运飞船停靠或新舱段扩展；生活控制舱是航天员的主要生活和工作区域；后端通道连接着核心舱的后部；资源舱则用于存放各类资源和设备，支持空间站的正常运行。这种模块化设计使天和核心舱能够作为空间站的中枢，支持整个空间站的组装和扩展。

天和核心舱，和前辈天宫们一起把对接玩明白了

天舟货运飞船和中国空间站之间的对接口，位于天和核心舱的后端。这样的对接口还有 2 个，位于天和核心舱前部的球形节点舱，对接口可以用于载人飞船、货运飞船及其他飞行器短期停靠访问空间站，也可以用于新舱段对接，扩展空间站规模。节点舱上还有 2 个停泊口，用于连接长期实验舱，一起与核心舱组成空间站组合体。既然天和核心舱上规划了这么多接口，那就必须第一个

发射上天，它是整个中国空间站的中心枢纽。

天和核心舱的起飞重量有 22.5 吨，想在 400 千米的高空，让多个类似的庞然大物交会对接成一个整体，肯定要经历多次的验证和练习，前辈天宫一号和天宫二号功不可没。

天宫一号发射的目的，就是作为交会对接的目标。它先是和没有乘坐航天员的神舟八号进行了无人自动交会对接，又先后接纳了神舟九号和神舟十号乘组的进驻，实施了多次自动对接和手动对接试验。

天宫二号对现在中国空间站的模拟程度更高，除了和神舟十一号对接之外，还迎来了天舟一号货运飞船的对接。天宫二号身上实现了多人太空生活超过 30 天，配合天舟一号完成了中国首次太空货运补给，成为中国第一个真正意义上的太空实验室。除此以外，天舟一号还向天宫二号进行了在轨燃料补加。一系列重要技术的成功验证，标志着中国可以拥有一座属于自己的空间站了。

2021 年 4 月 29 日，天和核心舱发射升空，进入预定轨道，标志着中国空间站在轨组装建造的全面展开。作为中国空间站的第一块积木，天和核心舱是一个多功能的太空之家。这里不但是航天员们工作的地方，也是他们吃饭、运动乃至睡觉的地方呢。天和核心舱总长 16.6 米，比五层楼还高；最大直径 4.2 米，差不多是地铁车厢高度的 1.5 倍。

问天和梦天实验舱，孪生又不同

2022 年 7 月 24 日，问天实验舱成功发射。仅仅 3 个多月后，2022 年 10 月 31 日，梦天实验舱也发射升空了。从长度看，梦天实验舱和问天实验舱是一样的，轴向全长 17.9 米，相当于六层楼高，比天和核心舱还长出 1.3 米，发射质量也都是约 23 吨，双双成为目前全世界轴向长度最长的单体载人航天器。

与天和核心舱相同，问天实验舱也配备

了航天员生活设施，这样可以支持两个神舟乘组共 6 名航天员一起生活。问天实验舱还是天和核心舱的备份，在需要的时候，可以接替天和核心舱对空间站进行管理。

天和的节点舱上配备了一个出舱口供航天员出舱活动，但问天的气闸舱空间更大，航天员可以从容地进行出舱准备和舱外返回。问天的气闸舱接替天和的节点舱，成为空间站的航天员主力出舱通道。梦天也有一个气闸舱，但它叫货物气闸舱，有自动舱门，方便各类物品进行舱内外转移。

虽然名字里都有“实验舱”三个字，但问天和梦天的实验方向才是它们最大的不同。问天是生命科学实验舱，梦天的定位是微重力科学实验舱。梦天还有一个绝活儿：航天员只需在舱内将微小卫星装载到释放机构平台上，转移机构会将其送至舱外；舱外的机械臂会抓取释放机构，并移动到指定的释放方向；随后，释放机构会像弹弓一样将小卫星弹射出去，实现在轨释放微小飞行器。

如果你和我一样，对中国空间站的一切都充满了好奇，观看天宫课堂是一个很好的选择。航天员们已经分别在天和核心舱、问天和梦天实验舱内开过一轮课了，每次授课，航天员们都会向同学们展示空间站里的工作和生活场景，还通过各种实验，向同学们展示微重力环境下的各种现象，阐释科学原理。

从神话走进现实的“天宫”

回望 2022 年 11 月 30 日，这是一个激动人心的日子，当神舟十五号航天员推开舱门进入空间站时，神舟十四号的航天员们已经在等待他们一起合影了。这是第一次由空间站三舱和天舟五号货运飞船、神舟十四号载人飞船、神舟十五号载人飞船组成了“三舱三船”构型，也正式开启了中国空间站长期有人驻留的模式。不久后的 2022 年 12 月 31 日，国家主席习近平发表 2023 年新年贺词，正式宣布中国空间站全面建成。

中国首次载人航天飞行，杨利伟乘坐神舟五号飞船的英雄事迹仿佛还在昨天，今天的中国航天事业就已经翱翔于一个崭新而璀璨的高峰。

在古老的中国神话中，天宫是众多神仙居住的神圣之地，承载了中华民族千百年来对星空的崇敬与想象。如今，中国自主建造的空间站，就叫“天宫”空间站。天宫空间站，这个悬浮于星际的科研殿堂，不仅让古老的神话故事拥有了现实意义，还必将激发无数中国青少年对于太空探索的热情和好奇心。

12

嫦娥四号：“月之暗面”首位地球访客

月亮，千百年来承载了无数国人的期许和遗憾，对月球的想象与向往深深刻在中华民族的血脉之中。2004 年 1 月，在经历多轮论证和研究后，属于中国人自己的月球探测工程——“嫦娥工程”启动。该项目以“嫦娥奔月”中的神话人物命名，不仅是对每一代中国人月亮情结的回应，更表明着我们“奔月”的决心。

创造历史的嫦娥四号

2007 年起，“嫦娥工程”的主力军——嫦娥一号到嫦娥五号均圆满完成“绕、落、回”三步走战略下的全部工程任务目标。上面三步依次对应着发射卫星并实现绕月飞行探测，实现月球表面软着陆和自动巡视勘察，以及月球无人采样并返回地球的任务，助力我国突破零深空探测。其中，负责执行“嫦娥工程”二期任务的嫦娥四号，在我国乃至人类探月史上都刻下了重大的里程碑。经过约 38 万千米、26 天的飞行，嫦娥四号于 2019 年 1 月 3 日自主着陆于月球南极 – 艾特肯盆地内的冯 · 卡门撞击坑内，并通过“鹊桥”中继星传回世界第一张近距离拍摄的月背影像图。这是人类发射的首个同样也是唯一实现月球背面软着陆的探测器，它的重要意义不言而喻。

月球背面永远是黑夜吗

尽管前面我们直接用“月之暗面”来指代月球背面，但这不意味着月球的背面永远是黑暗的。和我们身处的地球有日升日落一样，那里也总是时明时暗。“月之暗面”

的“暗”说的并不是没有光的“黑暗”，而是意指对于人类而言未知的“黑暗”。月球自转的方向和周期总是和它围绕地球公转的方向和周期一样，所以月球总是只把同一面展示给地球上的观测者，这种现象被称为“潮汐锁定”。就像一个人绕着一棵大树慢慢走，同时始终面对着这棵树，树就永远只能看到这个人的正面。虽说月球因为上下左右小幅摆动，偶尔会有一小部分月背露出来，但总体而言，我们无法从地球上直接观测到月球背面。

神秘背面，挡不住的吸引力

未知总是让人魂牵梦萦，人类也一直想去看看月球背面到底有什么。从科学价值的角度来说，得益于得天独厚的地理位置和环境条件，月球背面宛若设立了一面天然的“屏障”，宇宙空间发出的低频电磁信号在这里可以免受地球的干扰，因此月背处是进行低频射电天文观测的绝佳场所。着陆器上安装的低频射电频谱仪，正是专门用来接收这些人类此前难以获得的电磁信号的。其内蕴藏的丰富科学信息，可为恒星起源和星云演化等提供重要的研究资料。

此外，嫦娥四号脚下的古老月岩也是重点关注对象之一。此前，相关研究集中于月球正面，而相比于正面，月背则更为古老厚重，蕴藏着更多关于月球过去的信息。从月球历史研究的角度看，嫦娥四号着陆点位于月球最古老的撞击坑中，保留了原始月岩，非常利于开展月壳活动研究。月球车上安装的红外线成像光谱仪和测月雷达相互配合，可对各类古老岩石的矿物类型和成分进行分析，并对月表浅层结构进行探测。上述探测任务能够帮助我们分析并构筑月球在原始时期的状态和演化过程，对月幔物质起源等科学研究具有重要意义。

月背探测难题多，我们应该怎么做

和在月球正面进行软着陆相比，月背软着陆探测的难度和复杂程度呈指数级上升。

首先是地月通信难。月球挡住了地球与月球背面的通信，而通信是实现在地球远距离控制月背探测器的重要基础，因此必须优先解决此间通信的问题，即布置一颗信号中继卫星作为“大天线”。为此，在发射嫦娥四号的半年前，我国在月球背后 6.5 万千米之外的地月拉格朗日二点附近的晕轨道上部署了“鹊桥”中继星，负责嫦娥四号的全程通信。在这个轨道上，它可以始终保持在一个有利的位置，这个位置让“鹊桥”能够同时“看到”月球背面和地球，并且让这种“视线”几乎保持不变，就像是在月球和地球之间架起了一座看不见的桥梁。这样，它就能持续不断地在月球背面和地球之间传递信息，就像一个太空中的“中转站”。值得一提的是，这也是人类首个月球信号中继卫星。

其次是复杂地形着陆难。为配合通信并考虑太阳光照，嫦娥四号选择在月球南极 – 艾特肯盆地着陆，然而预定着陆点附近的地形和地势极为复杂，陨石坑密布，且最大落差高达 16.1 千米，这对着陆传感器系统的精度和灵敏度的要求都会更高。为精准实现软着陆，降落过程中，嫦娥四号在 15 千米到 8 千米高度为倾斜下降，8 千米后改为垂直向下。在最后也是最为关键的阶段，嫦娥四号先后经历垂直下降、减速、方向调整、悬停和避险以及缓慢垂直下降等过程，如此应对复杂起伏的周边环境，最终实现了安全着陆。

驻扎五年，硕果累累

嫦娥四号可不是独自在月球背面探险的哦，它还带上了“伙伴”玉兔二号月球车。月球车在月面运行困难重重：它要对抗月球白天超 120 摄氏度、夜晚最低 –180 摄氏度的极限温差；承受来自太阳和宇宙射线的持续轰击；小心月表遍布的陨石坑和松软月壤，避免陷落或侧翻；适应仅为地球 1/6 的重力以尽量抓地……此外，还面临着能源供应有限、通信（往返）约 2.6 秒延迟、设备无法现场维修等难题。玉兔二号拥有六个轮子，可以适应坑坑洼洼的月球表面，甚至还能原地转向。在超过五年的时间里，它累计行驶超过 1 613 米，成为人类在月面工作时间最长的月球车。值得一提的是，它不是光去月球背面压出一堆轮子印，而是装备了多种先进科学设备，比如通过测月雷达数据，玉兔二号首次揭示了月球背面着陆区域地下 40 米的结构。

嫦娥四号和玉兔二号可谓收获颇丰：成功开展关于月球背面地表的各项研究，还开展了月基低频射电天文观测与研究等，一个又一个新发现为后续的月球探测、着陆以及月球基地建设任务提供可靠的理论支撑。

13

蟾宫挖宝，嫦娥六号的 53 天

无论是苏轼写下“明月几时有，把酒问青天”的宋代，还是能用望远镜直接观察月球的现代，人类都无法直接用肉眼看到月球的背面。人类对月球背面充满好奇，曾多次派出探测器进行探访。2024 年，中国的嫦娥六号探测器创造了历史，成为第一个在月球背面取得样本并带回地球的探测器。

向月背启程

2024年5月3日，嫦娥六号搭乘长征五号运载火箭，从海南文昌航天发射场升空。为了更好地完成任务，嫦娥六号选择了一条特殊的路线——月球逆行轨道。这条轨道与月球的自转方向相反，虽然增加了难度，但能让探测器更稳定地环绕月球飞行。

经过近一个月的飞行，嫦娥六号抵达了月球附近。然而，在月球背面着陆是一项艰巨的任务。首先，由于月球本身阻挡了直接通信，嫦娥六号需要借助“鹊桥二号”中继卫星与地球保持联系。这颗关键的中继卫星为嫦娥六号与地球之间的通信提供了重要保障。其次，月球背面地形复杂，遍布坑洼，找一个合适的着陆点极具挑战性。

嫦娥六号的目标是月球背面的南极-艾特肯盆地。这个巨大的盆地是太阳系中最大的撞击坑之一，深度达13千米，比地球上最深的马里亚纳海沟还要深。它形成于四十多亿年前，由一颗巨大的小行星撞击月球形成。科学家认为，这里可能保存着非常古老的岩石，对研究月球的形成和演化历史具有重要意义。

6 月 2 日，嫦娥六号着陆器和上升器组合体开始降落，并启动了智能避障系统，仔细观察地形，不断扫描地面，测量高度和坡度，避开危险的岩石和坑洼。最后阶段，嫦娥六号关闭发动机，在缓冲系统的保障下，以自由落体的方式平稳着陆。

蟾宫挖宝

着陆当天，嫦娥六号立刻投入“蟾宫挖宝”的工作中去。它伸出机械臂，用铲子轻轻地刮取月球表面的月壤。这个过程需要非常谨慎，因为月球尘土非常细腻，容易飞扬和黏附。同时，它还使用了一个 2.5 米长的钻头，钻入月球表面，采集更深层的样本。这些样本都被小心地存放在密封的容器中，以保持原始状态。整个采样过程持续了大约两天，嫦娥六号总共收集了约2千克的样本。有趣的是，嫦娥六号在采样过程中留下的痕迹，恰好形成了一个汉字“中”的形状。

这次月背采样的全过程都被全景相机和远摄相机忠实记录了下来。全景相机拍摄了着陆点附近的月表形貌，为采样工作提供了必要的视觉信息。远摄相机则进行了8次机械臂的视觉引导，包括采样、放样、监视封装容器完成密封及转移至返回舱容器等步骤。这些高清晰度的图像不仅记录了科学探测的过程，还清晰记录下五星红旗在月背徐徐展开的精彩画面，让全世界看到了月球表面飘扬的那抹鲜艳的“中国红”。

6月4日，嫦娥六号启程返回地球。上升器携带着珍贵的月球样本，从月球表面起飞，于6月6日与轨道器和返回器的组合体会合。通过太空接力，样本被小心翼翼地转移到返回器中。

带着月球的礼物，嫦娥六号踏上了返回地球的最后一站。为了安全回到地球，嫦娥六号采用了创新的“半弹道跳跃式返回”技术。这种返回方式让返回器首先以较小角度进入地球大气层上层，减速后再弹出大气层，随后再次进入大气层完成最终降落。这种“水漂”式的返回轨迹不仅显著降低了返回器受到的热量冲击，还减小了减速过程中的过载，使返回过程更加平稳安全，为珍贵的月壤样本提供了双重保障。

在进入地球大气层时，返回器经历了接近 3 000 摄氏度的极端高温。为了保护内部的珍贵月壤样本，嫦娥六号返回器采用了特别研发的轻质蜂窝增强防热材料。这种材料结构独特，类似蜂巢，内部有许多微小的六边形空间，能够大幅提高材料的强度，同时保持较轻的重量。当返回器经过大气层时，外层材料逐渐变成气态，吸收大量热量来保护内部的样本。这种防热材料的微孔结构还能有效阻断热量传导，确保内部温度保持在安全范围内，使月壤样本不会因高温而改变物理化学特性，保持其原始的科学价值。

6 月 25 日，嫦娥六号安全降落在内蒙古的四子王旗，将月球的秘密带给期待已久的中国科学家们。

嫦娥六号的成功是人类探索月球的又一重要里程碑，这次任务不仅带回了宝贵的月球背面样本，还展示了中国在航天科技领域的卓越实力。未来，还会有更多的探测器前往月球，揭开它更多的秘密。也许有一天，中国宇航员能亲自踏上月球背面，书写探索的新篇章。

“奋斗者”号深潜器：探索深海的中国力量

“万米的海底，妙不可言！”

这是“奋斗者”号坐底马里亚纳海沟时，潜航员兴奋的呼喊。

这里海深 10 909 米，大约等于在珠穆朗玛峰顶上加了一座华山。中国自主研发的万米载人潜水器“奋斗者”号，创造了中国载人深潜新纪录。

何以成舟，何以渡舟

“奋斗者”号深潜器像一条大头鱼，“肚子”涂成绿色，是因为绿光在海水中衰减较小，便于在深海捕捉到它的身影。顶部涂成橘色，便于上浮到水面时能被母船快速发现。它专为征服深海极端环境而生，万米深海的水压超过 110 兆帕，这种压力相当于 2 000 头非洲象踩在一个人的背上。在这种极端压力下，以往深潜器惯用的材料已不能满足要求，为此“奋斗者”号采用了专门研发的高强度、高韧性、可焊接的钛合金材料。

新材料的诞生仅仅提供了物质基础，还要克服钛合金材料存在的“尺寸效应”，即打造的物体尺寸和厚度越大，其均匀性和力学性能越难保证。另外，载人球舱的大尺寸半球整体冲压、两个半球焊接以及对焊缝的韧性要求，都是世界性难题。创新没有教科书，新思路加新方法，在各领域多个单位联合攻关之下，国家的工业制造能力经受住了考验，打造出了“奋斗者”号直径约 1.8 米的载人球舱，可容纳三人同时作业，是世界最大、搭载人数最多的潜水器载人舱。

想在万米深海开直播？双船双潜造舞台

在万米海底做 4K 清晰度的直播显然不是件容易的事，为此科研人员专门打造了最强“海底摄影师二人组”。“沧海”号深海视频着陆器上安装了全海深超高清摄像机、3D 摄像机。“沧海”号没有行动能力，但它带的小助手“凌云”号可在海底自由活动，身上的小型高清相机可以为“奋斗者”号提供第二机位视角。它们用自带的相机和照明灯，在漆黑的深海中为“奋斗者”号打造了一个“海底舞台”，多角度、近距离地记录下主角工作的每一个精彩瞬间。

这天是 2020 年 11 月 13 日，“沧海”号率先脱离母船“探索二号”下水，下潜到海底，并释放“凌云”号出动。随后“奋斗者”号脱离母船“探索一号”开始下潜，坐底之后，通过声学通信定位和探测雷达确定“沧海”号的位置，循着“沧海”号发出的相对不易被海水吸收和散射的蓝绿色灯光移动到它附近。当“奋斗者”号和“沧海”号将各自搭载的通信设备互相对准后，“奋斗者”号舱内的影像和声音，就能通过“沧海”号细细的万米光缆传到母船“探索二号”，再经由船载卫星天线利用通信卫星传送到电视台，实现了身处海底万米的潜航员和电视直播间的双向视频通话。这也是人类历史上第一场来自万米深海的电视直播！

下得去，回得来

你也许会好奇，“奋斗者”号是如何沉入万米深渊的呢？“奋斗者”号光自重就有 36 吨，身上还装载了 4 块总重量达 2 吨的压载铁块，顶部还有一个压载水箱，让“奋斗者”号的重力大于海水的浮力。下潜时，往水箱里注满海水，“奋斗者”号就会慢慢向海底沉去。据说这个过程就像坐电梯，特别平稳，还不会颠簸。一旦抵达预定深度，“奋斗者”号只需扔掉两块压载铁，就可以维持在这个深度。

当“奋斗者”号需要上浮时，只需把剩余的两块压载铁块一抛，自身浮力大于重力，不需要动力就能上浮。但为了缩短回家的时间，螺旋桨会转动起来助推一把，压载水箱也慢慢排空，这样“奋斗者”号就能平平稳稳地回到海面了。

有样宝贝不能不提，那就是“奋斗者”号自带的“救生圈”——固体浮力材料。这是深潜器的关键技术，核心原材料是微米级高强空心玻璃微球，将它们海量、致密地填充到轻质树脂材料里，经过混合和热固化形成浮力块，能同时担当起产生浮力和抵抗万米海深高压的双重重任。

在深海作业不容易，给各种作业设备和提供动力的螺旋桨供电也是难题。由于深潜深度过大，无法使用缆线连接供电，只能依靠特制的锂电池供电。考虑到下潜和上浮各需约 3 个小时，水下作业也长达 6 小时以上，为了保证每次下潜 12 小时所需的电力，每一块电池在组装前都要经过严苛的测试，确保它们在高压下安全耐用，为“奋斗者”号提供足够的能量。

深海领域，中国速度

中国深海技术的起步并不算早，但发展速度之快令人瞩目。早期，受限于技术和资金，中国的深海探测多依赖国际合作。然而，进入 21 世纪，随着国家对海洋战略的重视，自主研发深海技术被提上日程。2002 年，中国启动了首个载人深潜器项目——“蛟龙”号的研制工作，标志着中国深海探索进入新纪元。

“蛟龙”号于2009年下水，2012年成功下潜至马里亚纳海沟7 062米深处，实现了中国深海载人潜水器从无到有的突破，也使中国成为世界上少数几个能进行深海载人探测的国家之一。此后，“深海勇士”号于2017年投入使用，它在国产化率、深海作业能力等方面实现了新的跨越，证明了中国在深海技术领域的自主创新能力。

“奋斗者”号作为中国深海探索的最新成果，是在“蛟龙”号和“深海勇士”号基础上的全面升级与技术创新。它不仅继承了前两者的成熟技术，更在耐压结构设计、能源系统、操控精准度及安全性方面实现了质的飞跃。

从下潜几十米到6 000米，美、法、日、俄四国差不多花了五十年。这五十年间，中国完全缺席。而“蛟龙”号则用十年时间，赶超了世界强国。在全球范围内，“奋斗者”号更是处于领先地位。

从首次万米坐底，到一次次刷新纪录

“奋斗者”号并不只是为了冲击一下海底深度那么简单，它的一生将执行 1 500 到 2 000 次下潜，计划通过不断地升级更新服役三十年。2022 年到 2023 年，“奋斗者”号完成了首个环大洋洲科考任务，同时也开启了“奋斗者”号的国际合作新征程，多名外国科学家参与下潜，去了克马德克海沟、迪亚曼蒂纳海沟和瓦莱比海沟，共下潜 63 次，刷新了单个航次下潜次数的纪录。

可以预见的是，“奋斗者”号的身影会越来越多地出现在全球各大洋深渊处。一次次成功的下潜，也将带来大量的宝贵数据和样品。正如它名字的由来一样，“奋斗者”号展现出当代科技工作者接续奋斗、勇攀高峰的精神风貌，正带领着我们逐步揭开深海的奥秘，促进全球科学合作，一步步走向海洋强国之列。

15

中国极地科考之星：“雪龙 2”号到底牛在哪里

中国极地科学考察船第 36 次远征南极，“雪龙 2”号在前方破冰开道，“雪龙”号相隔 4 海里（1 海里等于 1 852 米）紧随其后，上演了一出“双龙探极”。

遥远而神秘的南极大陆，纯净洁白的冰山下危机四伏，同时又蕴藏着地球的各种自然密码，是人类未能完全探索的领域之一。打头阵的这艘红色的钢铁巨兽正在与坚冰展开较量，它就是我国第一艘自主研制的极地科考破冰船——“雪龙 2”号。

中国人自己的“雪中巨龙”

“雪龙”号身为“雪龙 2”号的前辈，为我国极地科考事业立下了汗马功劳，它是中国第三代极地破冰船和科学考察船，但也是“领养”的孩子。“雪龙”号的前身是由乌克兰赫尔松船厂建造的一艘维他斯·白令级破冰船，1993 年被我国购进后，按照中国科考需求改造成了现在的“雪龙”号。那时候，它是我国唯一能在极地破冰前行的船只。

放眼全球，各国都在积极研发与改良自家的破冰船，以适应愈发复杂多变的极地环境和不断提升的科研需求。科学家们很快就意识到，破冰船的尖端技术不能仅仅掌握在他国手中，中国也要在极地科考重大装备领域占有一席之地，于是“雪龙 2”号应运而生。

“雪龙 2”号全长 122.5 米，宽 22.32 米，设计排水量 13 996 吨，续航力达到 2 万海里。这样一艘庞然大物，入水后却是相当灵活。它采用国际领先的船型设计，是全球第一艘具有艏艉双向破冰技术的极地科考破冰船。也就是说，“雪龙 2”号不仅可以向前行驶破冰，还可以在需要的时候向后“倒船”，巧妙地利用螺旋桨击碎冰层，大大降低了科考人员可能面临的风险。

它可以在冰厚 1.5 米的情况下以 3 节（也就是每小时 3 海里）的航速连续破冰航行，各种极端条件也不在话下。

线上建船的全息三维技术

从设计之初的精密策划到建造阶段的严格把控，再到实行验收的全面检验，“雪龙 2”号的每一个环节，都凝聚着中国造船业的高精尖技术和科研人员的辛勤付出。

在长江入海口的一座岛屿——长兴岛上，有着一百五十多年历史的江南造船厂负责“雪龙 2”号的建造任务。从设计阶段开始，“雪龙 2”号就使用了一项全新的技术：全息三维造船。传统的造船模式是按流程一项一项独立进行的，比如船体建造、涂装等步骤都是按顺序来的，一个流程完成了才会进入下一阶段。如果某一个步骤上出了一点问题，就会直接影响整体进程，效率不高。而全息三维造船则是将整体的造船任务全部整合在内，像是搭积木一样将这艘排水量近 1.4 万吨的巨轮分解成 114 个分段，再组成 11 个大总段组装在一起。

这样浩大的工程量全部是通过将 8 736 份设计图

纸输入电脑，然后生成 7 891 份生产设计图和工艺模型，来指导现场施工的。三维建模的好处在于能够直观地展示船舶的空间布局和各部件之间的关系、细节，使工程师和工人能够清晰地了解各设备的操作空间和维护需求，从而大大提高了建造效率。

各司其职的高科技“积木”

构成船体的每一块“积木”都有着至关重要的作用。

首屈一指的便是船艏前沿凸起的破冰艏柱，它采用特殊的耐低温高强钢打造，厚度达 100 毫米。就是它作为“雪龙 2”号的刀锋直接与坚硬的冰层碰撞、冲击，杀出一条路来。破冰艏柱与船体通过焊接的方式连在一起，这对焊缝的工艺要求自然也是极高的，不然船体还没受损，先散架了。按设计要求来说，破冰艏柱需要在零下 40 摄氏度的低温环境保持足够的强度和韧性，所以焊缝也必须达到这个标准。为此，科研人员对不同规格的焊条进行反复测试，包括低温测试和拉伸试验。接着，这些数据会被统一传送到大数据库中，并对全过程实时跟踪，直到制订出最佳的焊接流程。

焊接的第一道工序是将破冰艏柱加热到80 摄氏度，并且在整个焊接过程中保持这个温度。整个焊接过程需要 48 个小时，整整两天时间，不能间断。那时正值酷暑，上海高温直逼 38 摄氏度。工作人员轮流作业进行不间断焊接，让焊缝一次成型。

破冰船的动力当然非常重要，由四台柴油发电机组成的主动力电站，每小时能发电22 600 度，相当于一座人口 30 万左右的城市 1 小时的用电量。这些电能中的大部分都供给了船尾 2 个四叶螺旋桨和由大功率电动机舱组成的动力吊舱，它重达 141 吨，拥有360 度任意角度的转舵能力。螺旋桨由不锈钢特殊材质制成，能够击碎冰层，这也是“雪龙 2”号能够艉向破冰的关键“积木”之一。

承载祖国极地求索的使命与担当，劈波斩浪

和传统的破冰船不同，“雪龙 2”号从设计理念开始就定位为智能型船舶。也就是

说，“雪龙 2”号是现代信息技术、智能技术等新技术和传统船舶技术融合的产物。与传统船舶相比，它在使用时更加安全，也更加环保、经济、可靠。

2019 年 10 月 15 日，中国第 36 次南极科学考察队正式启航远征，这也是“雪龙 2”号的首航任务，并于次年 4 月凯旋。在后续的南极科考活动中，“雪龙 2”号多次成功执行了各个站点的物资补给与人员输送任务，顺利完成秦岭站建设保障任务，同时也参与了冰川、气候、生物多样性和海洋环境等多学科联合科考项目。“雪龙 2”号也参与北极科考，探访过中国北极黄河站。“雪龙 2”号曾在赤道附近成功救援一艘遇险船只和船上 4 名船员。

“雪龙 2”号已经成为中国在极地科考大型装备领域的一张名片，证明了中国极地科研的飞速发展和过硬实力。它的每一次启航，都谱写着新时代中国在极地科研领域的崭新篇章。

16

北斗卫星导航系统，中国人自己的太空灯塔

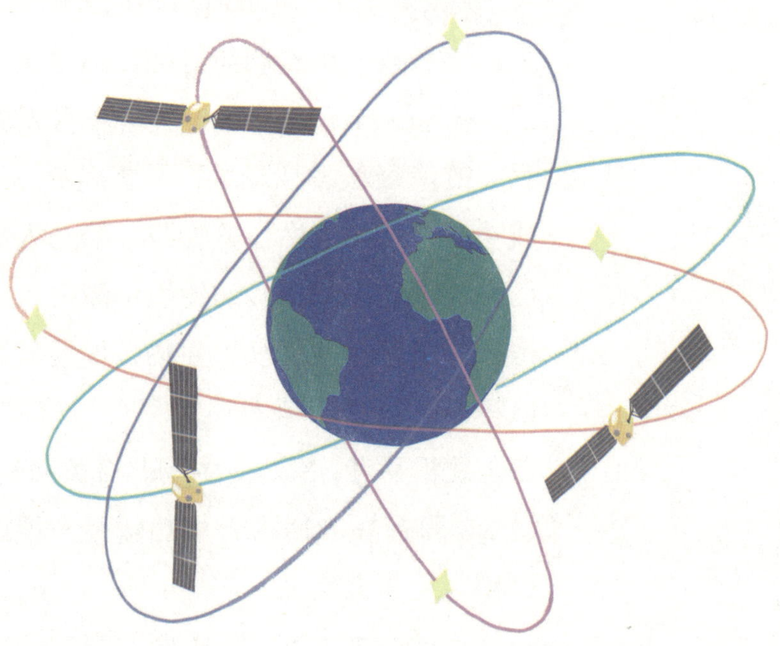

2007年4月17日20时，赶在国际电联规定的频率申请失效前4小时，中国正式启用了“北斗”卫星导航系统申报的频率资源。

这样的生死时速不是因为拖延，而是因为前期我们与其他国家的实力悬殊，这一路追赶的科研路，实在艰难。

争分夺秒的中国速度

1994 年，我国正式启动北斗一号工程，准备开始卫星导航的研究。可那个时候，美国“全球定位系统”（global positioning system，简称“GPS”）和俄罗斯“格洛纳斯”已全球组网，这意味着最适合卫星导航的黄金频段已经被抢占了。在这样的情况下我们没有放弃，还是努力争取到了一小段频率，这一小段频率不仅只有黄金频率的 1/4，而且是各国平等申请的——实际上，就是我们的“北斗”和欧盟“伽利略”两者之间的博弈。

2000 年，我们双方都成功申报。这意味着谁先把卫星发上去“把座位占住”，谁就能占领轨道；谁先发射信号“举手发言”，谁就能领到频段。2005 年，伽利略先手发射卫星占领了轨道，但一直没能发射申请频率的信号。这是我们的机会，我们还能赶超。可那时候，我们的导航卫星甚至还没有上天，仍处在研发阶段。为了占领先机，北斗人背水一战，提前了发射日期。很快来到 2007 年，4 月 14 日卫星发射，4 月 15 日实现变轨，4 月 16 日就成功发射信号。我们一气呵成，中国速度在此刻迈向了太空。

飘浮在太空中的“灯塔”们

“北斗”全名北斗卫星导航系统（BeiDou Navigation Satellite System，简称“BDS”）。北斗，是中国人给一个星座起的名字，千百年来世界各地的人们都依赖它来指引方向。中国人用这个名字来命名自己的卫星导航系统，希望这套系统能够为全世界人民提供服务。

自北斗系统工程启动，到如今实现全球覆盖，这一步步坚实的脚印，踏出中国航天科技的辉煌成就。在建设初期，有不少专家提议我们采用美国 GPS 的卫星星座方案进行布设。中国工程院院士许其凤教授在全面分析了我国国情和各方面数据后认为，咱们还是要另起炉灶，做出真正适合我们的原创卫星组网布设。于是，北斗空间段应运而生。

空间段的卫星们就像是我国自主研发的一群“太空发报员”，不仅可以实时告诉你“我在哪儿”，还能用它来传递“我在做什么”。

它们采用了三种类型的卫星轨道组合，分别是地球静止轨道（Geostationary Orbit，简称“GEO”）、倾斜地球同步轨道（Inclined Geosynchronous

Orbit，简称“IGSO”）和中圆地球轨道（Medium Earth Orbit，简称“MEO”）。

一部分“发报员”住在离地球较近的“中转站”——中圆地球轨道（MEO），它们不停地移动位置，确保覆盖面够广。它们位于地球赤道上方约 21 500 千米的地方，由于轨道更低，其绕地球一圈的时间相对较短，一般为 12 小时左右。这种轨道设计使得 MEO 卫星可以更均匀地覆盖全球各地，提供更为精确的定位服务，同时有助于提高整个系统的定位速度和精度。

另外一部分成员在倾斜地球同步轨道（IGSO）上旋转，既能看到大部分地球表面，又能保持相对固定的视角。它们比 MEO 的位置更高，和地球同步轨道高度相同，但轨道倾角不是 0 度，而是与赤道面有一定的夹角，约为 55 度。这样设计使得卫星能够覆盖除两极以外的全球大部分区域，同时在特定时间内，卫星可以相对稳定地观察同一地理区域，增强了系统的定位效果和信号连续性。

还有一些住进了视野更稳定的“固定居所”——地球静止轨道（GEO），始终对着同一片区域眨眼睛。它们也位于地球同步轨道高度，约 35 786 千米，但不同于 IGSO 的是，GEO 轨道倾角是 0 度。这些“发报员”的静止是相对静止，也就是说它们沿轨道运行的周期和地球自转周期完全一致。所以从地球往上看，它们就像是在一个固定位置没有动一样。这个轨道的卫星能长期稳定地对指定区域提供服务，特别有利于短报文通信功能的实现。

三种轨道的“发报员”们互相配合，组成了北斗系统空间段的组网布设。它们各取所长，确保北斗导航系统在定位速度、精度和信号稳定等多方面都有杰出的表现。

被技术封锁，无畏破局

1970 年 11 月，在“东方红一号”卫星发射成功的 6 个月后，中国第一份研制导航卫星的论证报告完成。这个已经做出样星的导航系统有着一个生动的代号——“灯塔计划”。但限于当时的技术、财力以及航天科研方向，灯塔计划未能继续。

1986 年，国家高技术研究发展计划——“863 计划”开始实行。计划中提到，要用两颗卫星，先能解决我们中国自己本土的定位需求，也就是现在说的“双星定位方案”。在进行技术试验和工程验证之后，北斗一号系统工程于 1994 年启动，2000 年正式建成，解决了中国区域内的卫星导航问题，实现从无到有的突破。

接下来，我们的视野看向全球，把导航做到全球范围这一技术难点，要怎么突破？北斗二号应运而生，为的就是实现中国导航全球化。开头的那段“频率之争”，就是在这时打响的。

导航卫星发射上天的前提是要申请到轨道位置和频率资源，有效期是七年。2000 年我们成功申请到频段，可直到 2004 年，国家才批准了北斗二号系统的建设任务，也就是说研发期限只剩不到三年。留给我们的时间本就不多了，北斗二号系统的星载原子钟又突遇问题。所谓原子钟，就像是一块精度很高的计时器，给导航用户提供准确的时间服务。而高精度的时间基准是卫星导航系统最核心的技术，直接决定着系统导航定位的精度。

由于技术有限，研究人员们一开始还是想要引进。可后来发现，明明谈得好好的，但真到要引进的时候，

人家就不给你了。说好听点是技术控制，也可以说是技术封锁，实际上就是在高科技领域，人家见不得你好。

要是用性能较差的原子钟，那整个北斗系统的性能都会受到严重影响。这要求星载原子钟的性能必须跟国外导航系统上的一样先进。引进不成，那我们就自己研发。这虽然更具有挑战性，但不是行不通。

很快，北斗人仅用两年时间就攻下了原子钟的技术难关，达到了原定的误差在 3×10^{-13} 以内的精度目标。这是什么概念呢，约 100 万年差 1 秒。这一技术难关的攻克，使北斗工程的研发前进了一大步。下面的故事我们都知道了——中国成功占领频段，北斗导航的时代开始了。

小贴士

卫星导航的黄金频段

根据国际标准，频率在1000～2000兆赫兹的无线电波波段被称为L频段，这样的无线电信号具有传播损耗低、抗干扰能力强、全球覆盖稳定的优势，其中1164～1300兆赫兹和1559～1610兆赫兹更被认为是“黄金频段”。这些频段能提供高精度的定位服务，是构建全球导航系统的基础资源。

随着文中提到的这些全球导航系统的发展，L频段资源已趋饱和，迫使新系统探索使用替代频段，但这些频段的性能和覆盖能力可能不如黄金频段。

会定位，还会发送“短信”

北斗卫星定位的原理基于精确的时间测量，系统利用至少 4 颗卫星来确定用户的精确位置。每颗卫星持续广播其位置和时间信息，用户设备接收这些信号后，通过测量信号的传播时间来计算与每颗卫星的距离。这个距离作为半径，以卫星位置为中心形成一个虚拟球体。4 个这样的球体相交于一点，即为用户的精确位置。

2020 年 6 月 23 日，北斗卫星导航系统 55 颗卫星中的最后一颗卫星发射成功。这意味着中国北斗全球系统已经完成部署，确保全球用户在任何时间、任何地点都能观测到足够数量的卫星，即使在部分卫星信号被遮挡的复杂环境中也能保证定位服务的可靠性和连续性。

不同于一般的卫星导航系统，北斗有着自己的独门绝技——短报文通信功能。即使在没有地面通信网络的情况下，也能传递信息。也就是说，哪怕在没有手机信号的荒郊野岭，只要你有北斗终端，就可以发送和接收文字信息，这简直是探险者和救援人员的福音！

“四大天王”也有中国一席

目前，世界上被联合国卫星导航委员会认定的供应商只有4家，除了美国全球定位系统、俄罗斯格洛纳斯、欧盟伽利略这三家之外，就是我们中国的北斗。

从开始研发和发射卫星的时间来看，北斗无疑是其中最年轻的一个。可就在短短二十年间，北斗已从原本勉强赶上的“小透明”，发展成了服务世界的中国导航系统。

随着北斗全球卫星导航系统全面建成使用，今后无论你在哪里，北斗都能看见你、找到你、帮助你。这就是“中国的北斗，世界的北斗，一流的北斗”。

17

超级 LNG 船，懂航行的大冰箱

不论是点亮城市的万家灯火，还是驱动工厂的工业引擎，或是激发厨房里的烟火气，天然气都以其温和有力的方式为我们提供能量，是现代社会发展不可或缺的能源。

液化天然气（Liquefied Natural Gas，简称“LNG”）是将天然气冷却至约-163 摄氏度的液态产物。它被公认为地球上相对清洁的化石能源之一，在燃烧相同热值的条件下，比石油少排放 25％的二氧化碳，比煤少排放 40％的二氧化碳。而且它无色无味无毒，还没有腐蚀性。

液化天然气在地球上分布不均衡，中国是目前世界最大液化天然气进口国，这意味着我们需要大量且安全地从海陆路运输液化天然气，而要做到这些，专为运输液化天然气而生的超级 LNG 船必不可少。

海上超大型“冷冻车”

超级LNG船的独特性在于，它能在−163摄氏度的极端低温环境下，安全、高效地运输易挥发且易燃的液化天然气。这就必须重视一件事儿：作为燃料，天然气很容易着火，尤其是液化后的体积约为气态下的1/620，一旦运输不当就会引起爆炸，造成重大事故。

每艘超级LNG船都配备了复杂精密的低温储罐系统，这是超级LNG船建造过程中科技含量最高、建造难度最大的一个环节。中国第一艘LNG船内部搭载了薄膜型液货储罐，由两层隔热绝缘层来保持低温环境，每一层又由绝缘箱加上仅有0.7毫米的殷瓦钢组成。

绝缘箱使用坚固耐用、不易变形的特殊木材加工而成，箱体内还会充满保温隔热性能极佳的粉末状珍珠岩。5万多只绝缘箱，每一只都拥有唯一指定的位置，全部安装完成后会形成一个绝对平整的表面。

在绝缘箱上铺设好框架以后，殷瓦钢焊

接工作紧接着就展开了。殷瓦钢是种镍铁合金，热胀冷缩的现象在它身上并不明显，这让它能在很大的温度范围内保持稳定，用它来制造 LNG 船就再合适不过了。

至于说缺点嘛，就是焊接这种极薄的材料困难重重，温度高了会点燃背后紧贴着的木质绝缘箱，温度低了、焊接速度快了又会出现“漏焊”点。对于 LNG 船来说，泄漏会让液化天然气突然膨胀，严重时可能会引起全船爆炸。

殷瓦钢的总面积超过 3 万平方米，焊缝总长度达上百千米。为了保证焊接质量的稳定，绝大多数情况下，都是由自动焊接机器人来完成，只有少数情况下才由高水平技术工人实施手工焊接。

双动力推进，货物就是燃料

中国第一艘超级 LNG 船“大鹏昊”号，一次能运载 14.7 万立方米的液化天然气，可供一座大型城市的市民用一个月。目前大规模开采利用的天然气产区主要集中在俄罗斯、中东、南太平洋等地区。从遥远的大洋彼岸满载，要经历 2 000 千米的海上航行才能回到中国，动力系统不仅是其航行的核心，也是实现高效能与低排放的关键所在。考虑到液化天然气在运输途中会自然挥发，必须释放出去，否则会让密闭的船舱内压力剧增，产生安全隐患，那么与其让宝贵的天然气白白释放到大气中去，不如采集起来作为燃料使用。因此 LNG 船采用了双燃料锅炉系统作为主推进装置，既可以烧柴油，也可以直接烧天然气。两台蒸汽锅炉将产生的高温高压蒸汽输送给主引擎，从而推动超级 LNG 船在大海中前进。

诞生“皇冠明珠”的超级工程

自20世纪60年代首艘商业LNG船投入运营以来，超级LNG船已历经数代发展，不断突破技术瓶颈，容量不断扩大，安全性和经济性不断提升。据统计，每艘超级LNG船需要使用多达6 000多片超大型钢板、涂覆超过35万升油漆、铺设250千米以上的管线。它的设计与建造是一项综合了材料科学、低温技术、流体力学和自动化控制等诸多领域的宏大工程。

如今，中国已成为全球唯一一个集齐三大高端船舶制造“皇冠明珠”的国家。三大“皇冠明珠”分别为豪华游轮、航空母舰和超级LNG船，它们代表着客运、军用和货运船舶的最高水平。

2024年5月15日，全球首艘第五代“长恒系列”17.4万立方米大型LNG运输船“绿能瀛”号正式交付。这是一艘由中国创新研制、代表当今世界大型LNG运输船领域最高技术水平的“海上超级冷冻车”。从

2008 年中国建造并交付首艘 LNG 运输船“大鹏昊”号，到 2015 年自行设计建造具有完全自主知识产权的“巴布亚”号，再到眼下的第五代船，中国完成了从世界 LNG 运输船建造的跟跑到领跑。这期间，我国还攻克了核心材料殷瓦钢的制造工艺，早已不再依赖进口。

随着环保政策日益严格以及对气候变化议题的关注加深，各国都在积极寻求能源结构的低碳转型，而 LNG 是现行条件下最成熟有效的绿色燃料，不仅安全经过验证，而且有着五十多年成功应用的历史，这促成了液化天然气需求的持续攀升。超级 LNG 船作为高效的运输载体，将在满足全球清洁能源需求的战略布局中扮演至关重要的角色。

白鹤滩和金沙江上的“四星连珠”

2022 年 12 月，金沙江上的第四座水电站——白鹤滩水电站全面投入运行。它年均发电量可以供得起一个小国家的全年用电，是仅次于三峡水电站的世界第二大水电站。

金沙江上“最难镶嵌的明珠”

即使有三峡水电站珠玉在前，白鹤滩水电站的建成和使用依旧值得大书特书。

它所在的金沙江，地处三峡上游，水力势能更加充沛。周围崇山峻岭，峡谷深长，是极险峻之处。要在地形如此复杂的山岭中选址勘测，根据前所未见的实地情况设计计算，将大量的工程物资运入人迹罕至之处，再建起能将百亿吨水扼于掌中的大坝，这都要求我们在三峡水电站积累的施工经验之上，做出新的突破。

尽管施工难度大，白鹤滩水电站的耀眼之处在于它克服这些困难之后呈现出来的优异状态。这座首次使用低热水泥浇筑的大坝，从侧面看时是一个带有弧度的梯形，上窄下宽稳稳地坐镇峡谷间；从上面看时也是弧形结构，如同一个小拱跨在两侧，把水的压力导向山中。低热水泥凝固期间释放的热量更少，因此水泥之间由传热引起的变形更少，浇筑结构更加均匀，稳定性也就更好。这样的结构和材料保证了大坝的抗震参数是全球第一的。

更值得关注的是，白鹤滩水电站的建成，达成了金沙江上系列水电站“四星连珠”的壮举。在白鹤滩水电站之前，金沙江上已经建成了上游的乌东德水电站、下游的溪洛渡和向家坝水电站三个枢纽。而乌东德和溪洛渡水电站之间相隔较远，难以形成规模效应。这三站一直在等待着这串珍珠项链中建设难度最大的白鹤滩水电站。

至此，尘埃落定，四座水电站形成了金沙江上的一条巨型梯级水库。除了可以自高到低充分利用水力势差发电，它们还平缓了险峻曲折的河水，使航行更加安全，更可以在汛期旱期多方联动，合理安排水资源分布。四个水电站一同发力，仿佛是一套鞍辔，勒住了金沙江原本奔腾不羁的江水，将它一腔的狂野能量凝聚成四个“小太阳”。

能源开发与环境保护平衡的新思路

水电是清洁能源，长江上游建成的一连串水电站，形成了一条清洁能源廊道；水电也是低碳能源。仅白鹤滩水电站的年均发电量，就大约是目前世界上在役的最大火力发电站——内蒙古托克托火力发电厂的2倍。在降低碳排放的时代背景下，要大力发展经济、改善民生，这一系列水电站的价值极为重要。

除了提供清洁能源，水坝对流量的控制也平缓了雨季和旱季河道水量的涨跌幅度。一方面向沿岸提供了更加稳定的水资源供应，另一方面也为河道通航提供了更稳定的水文条件。

然而，水电站也会引发一些生态环境问题。除了兴建之前已经做好规划的地形山貌的骤变之外，还有一些随着建成逐渐发生的变化，看似小幅但影响深远。

水库建成，水深加深，流速变缓，水体沉积物快速沉入库区，水体温度和含氧量也随之变化。这些环境因子的改变会对生活在这片水域的大小生物产生影响，生态结构随之改变。

水生生态系统的保护重在鱼类，而鱼类的保护重在产卵和幼苗。水库之所以对鱼类造成影响，除了坝体会对洄游鱼类产生阻拦之外，还有其他原因。首先是产卵面积，水库有时为了发电或供水会放水，水面随之减少，而很多鱼类需要产卵地有足够大的水域面积。其次是流速，某些鱼类需要潮汐的波动才会产卵，而水库抹平了自然环境中的激流。还有温度，平稳的流速造成上层水体晒了太多的太阳变热，下层水体速度不够又变冷，这都影响着鱼卵的孵化。

随着白鹤滩水电站的落成，鱼类的保护有了一种新的思路。金沙江上的梯级电站意味着人类对水力的控制能力提升到了新的水平。水库不再只能放水发电，还可以通过控制上下游水库间的梯级联动，玩出更多的花样。目前金沙江上主要在测试的操作有：在

不同鱼类的产卵期控制产卵区水域面积，来解决鱼觉得地方不够大的问题；用上游水库冲击性放水、下游水库拦水来实现人造洪峰，为产漂流性卵的“青草鲢鳙”们提供满意的水流；待到产黏性卵的胭脂鱼、鲤鱼产卵的季节，则减少水位变动，以防粘在水草上或岸边的卵被冲走或者晒干，通过调控放水闸

开启的高度实现把下层冷水放走，保留上层温水，帮助鱼卵孵化的效果。

过去两年，金沙江进行了几次梯级放水实验，通过计算和观测，在重点保护鱼类种群上看到了令人满意的效果。

现在，水库四明珠的联动有着一套复杂的算法。通过模型来计算最优解：每个库什么时候开，开多少，开到哪一层，这些都是为了尽量满足人类的多重需求。该发多少电：用电高峰期要给够，低谷期不要给多；要留多少水：不能让库区旱得露底，到了雨季又要为防汛留出库容；生态调度：当下是哪种鱼的产卵期，它需要洪峰还是静水；以及通航……

电力、水资源利用、通航、生态保护的需求彼此重叠，未来，在科学探索、工程试验和高速计算的加持下，金沙江四级水库会越来越“善解人意”。

19

抽长江，穿黄河，结水为网润中国

我们经常感叹，候鸟跨半球迁徙，鲑鱼逆流几百万米洄游产卵，生命的力量如此强大。而现在，没有生命的水，也能奔腾几百万米，横跨半个中国，从雨水丰沛的南方驰援北方，人类的意志力与执行力同样令人敬佩。对，这里说的就是我们国家的南水北调工程。

三线联通南北，结水为网

南水北调是有史以来世界上最长的人工调水工程。全部完成的话，将分别从西、中、东三条线路把丰富的南方水资源调入北方缺水地区。这三条纵向的人工通道和我们的长江黄河将会构成一张大网，拉平大区域水资源的分布差异。

其中西线工程已经开始规划，预计从通天河四川段引水入黄河；中线工程一期工程，已于 2014 年正式通水，从长江湖北段的丹江口水库引水入华北平原；东线工程一期工程最早修通运行，从长江下游的扬州市，利用京杭大运河和其他一些河道，将水送到山东、河北、北京、天津。

仅仅是 2023 年一年，中线和东线工程就总计调水 85 亿吨。这是怎样一个水量呢？北京、天津两大直辖市的地表、地下水加起来，每年平均大概是 40 亿吨。就是说南水北调已经建成的两条线，每年调来的水有北京、天津两大直辖市地表和地下所有流过的水的 2 倍那么多。更直观一点比较的话，目前调水量最大的中线工程 2023 年调水 75 亿吨，相当于黄河一年总流量 580 亿吨的 1/8。

丹江口水库海拔高于华北平原，从丹江口水库奔流 1 400 多千米抵达华北平原的中线工程是一条利用约 100 米的地势高差自然驱动的人工河。虽然不需要动力，但为了保证水量调控、顺利维护、水质监测等需求，每隔几十千米就会建一个节制闸，一节节保证水流到需要它的位置去。

而河道大部分是露天明渠，也有一些埋在地下的暗涵。为了这条穿行半个中国，跨越淮河流域、黄河流域和海河流域将水送到华北平原的河道，河面上新建了几百条公路铁路桥。但最难的不是跨越这些人工的交通流建筑物，而是穿越天然的水流通道：黄河。

虽同样是水，东西向的黄河与南北向的中线工程相遇时怎么办？肯定不能来个红灯停绿灯行，又不能直接把水导进黄河掺在一起“奔流到海不复回”，建个立交桥给水走也不现实。于是，工程师在郑州上游 30 千米处的黄河南岸，将中线工程的涵管导入地下两条直径 7 米的隧道，穿黄而过，在黄河北岸再露出地面。通水后，长江水凭着高差从南岸进入黄河河道之下，流到北岸之后再凭借倒虹吸的力量提升至地面，实现了两大母亲河的近距离接触。

东线工程则面临显著的地势挑战，水源地江都比东线海拔最高点山东东平湖低 40 米，相当于 12 层楼高，为克服这一困难，工程在黄河以南 600 多千米的线路上设计了 13 级梯级系统。东线一期调水工程新建 21 座泵站，改造 4 座原有泵站，这些泵站形成世界最大的泵站群，实现了“千里长河水往高处流”的壮举。

灌溉美好生活，益处多多

不尽长江滚滚来。在人口密度大、人均水资源配置极低的华北平原上，目前接受南水北调东、中线工程供水的区域的总人口高达 1.7 亿，南水北调极大改善了当地的生产生活。除了饮用水、生活用水、农业用水、工业用水这些显而易见的好处，南来的江水还默默做了很多贡献。

南水来到北方之后直接进入了我们城市的河道、湖泊、水库，一方面可以供自来水厂取用，另一方面，河道湖泊天然与浅层地下水有连接，注入河道的水会以非常缓慢的速度渗入地下水层，补充地下水。

地下水并不像地面的河水。在河流中取水，抽走的会立刻被上游来水补充回来，短时间内河面水位不会有肉眼可见的下移，因而我们一般说河流水是可再生资源。而地下水是在地下不同地质结构的缝隙中充斥的水，它的流动速度很慢，虽然抽走后也会被上游和上层的水渗下来补充，但这个渗透是

小贴士

地下水的管理

按照埋藏深度，可以把地下水分为浅层地下水、中层地下水、深层地下水和超深层地下水。埋得越深，越不容易开采，采集后水的回补也越缓慢。

除埋藏深度之外，地下含水层之上有没有隔水层也很重要。如果上面没有坚硬完整的岩石隔开，也就是没有隔水层，那地下水是可以由降雨和地表水补充的；有一层甚至几层隔水层的话，就只能由这层含水层里石头缝里的水慢慢渗过来补充，可想而知，这样的水开采更难，恢复也更难。

因此，除了很浅，且上面没有隔水层的地下水的开采只需水利部门许可，绝大部分地下水的开采都需要环保和水利部门联合严格审批。私自开采是违法行为。

极其缓慢的，回充需要的时间长到我们的生产生活活动等不起。常年缺水的华北地区地下水开采量很大，浅层的抽完抽深层，深层抽不出再往更深处打井……到现在，已经欠着不知道要等几十上百年才能补回来的地下水水位了。

如果有了滚滚而来的长江水，就不用去费劲抽地下深井的水了。南水北调以来，人们对地下水的需求骤降，以极度缺水的天津市为例，过去几年关闭了几千个地下水机井。

随着地面河道下渗水的补充，和地下水井的关闭，自 2020 年起，已经能看到地下水水位的缓慢回升，甚至一些以前因为地下水水位下降而干涸的泉眼也开始复涌。华北平原的地下水终于得到了小小的喘息机会。

除了水位的问题，地下水还有一个重要的作用。它们填充在地质结构孔隙中，实际上向上提供了很大的一股承托的力量。所以地下水超采的后果之一就是这个承托力减小，地面沉降。很多城市都因为这个原因出现地面开裂变形、地下管网被形变破坏、建筑物倾斜、施工安全受到威胁。随着南水北调对地下水的回补，假以时日，华北平原的地面也将再次稳固起来。

所谓缺水，不只是水不够用，还会让水不好用。比如曾经以水苦闻名的天津市，从几百年前开始，就因为海拔太低，入海的水流减小后，海水反而沿着河道和地下孔隙回灌，经年累月，把天津市的沿海地区都变成了盐碱地，而饮用水也因为盐度大而苦咸。中华人民共和国成立以后，引滦入津，然后引黄入津，天津市的供水盐度才逐渐降低。除天津外，也有些地区是特殊的地质组成造成水的硬度长期偏高，或者含有一些有害物质，这些都会影响水的使用。

从南边调来的水往往质量更好。东线工程引入的水可以保持在我国规定的地表水Ⅲ类标准以上，也就是相当于地表水水源二级保护区，或者鱼类洄游和水产养殖区的水质。而中线工程供往河南、河北、北京、天津的水常年优于地表水Ⅱ类标准，可以做珍稀水生生物栖息地、鱼虾类产卵场；甚至有时可以达到Ⅰ类标准，相当于国家级自然保护区的水质。这样的水到达石家庄以后，城市自来水的硬度大大降低。河北黑龙港的自来水含氟量太大的问题也被彻底解决了。

南来的水不单能够直接提升生活用水水质，还间接帮助华北地区的本地水进行自我调整。就像调水缓解了地下水的压力一样，它也缓解着地表水的供水压力，使原本被过度开采的河道得以靠补水恢复，同时又给污水处理厂更多的时间对接收的污水进行充分处置。充分处理后的中水再回到河道中，本地水的水质也有了明显的提升。

甚至对于供水的南方地区，南水北调也有一些潜在的好处。夏季汛期前，南水北调提前多调水进入北方，把丹江口水库的水位降低了，这样，等夏季汛期来临时，水库就有余量接收大规模的降水了。另外，因为南水北调的中线工程是利用从西南到华北的地势高度差让水流过来的，调水沿线某些地方还利用这种河道的高度差修建了小型水力发电站。

"少年轻科普"丛书

跨学科阅读

《当成语遇到科学》

《当小古文遇到科学》

《当古诗词遇到科学》

《〈西游记〉里的博物学》

《一起来看画：藏在中国画里的博物学》

人文通识

《博物馆里的汉字》

《博物馆里的成语》

《博物馆里的古诗词》

《博物馆里的书法》

科学新知

《动物界的特种工》

《花花草草和大树，我有问题想问你》

《生物饭店：奇奇怪怪的食客与意想不到的食谱》

《恐龙、蓝菌和更古老的生命》

《我们身边的奇妙科学》

《星空和大地，藏着那么多秘密》

《遇到危险怎么办——我的安全笔记》

《病毒和人类：共生的世界》

《灭绝动物：不想和你说再见》

《细菌王国：看不见的神奇世界》

《好脏的科学：世界有点重口味》

《植物，了不起的人类职业规划师》

《大国工程:小细节里的中国创新密码》

带上好奇心

一起长知识